图书在版编目（CIP）数据

　　魔镜与钥匙 / 纸上魔方著. — 长春：吉林出版集团
股份有限公司，2015.8
　　（地下城数学王国历险记）
　　ISBN 978-7-5534-4014-9

　　Ⅰ. ①魔… Ⅱ. ①纸… Ⅲ. ①数学 – 少儿读物
Ⅳ. ①O1-49

　　中国版本图书馆CIP数据核字(2014)第035733号

地下城数学王国历险记

魔镜与钥匙 MOJING YU YAOSHI

出版策划：孙　昶
项目统筹：孔庆梅
项目策划：于姝姝
责任编辑：于姝姝
责任校对：颜　明　杨连全
制　　作：纸上魔方（电话：13521294990）
出　　版：吉林出版集团股份有限公司（www. jlpg. cn）
　　　　　（长春市福祉大路 5788 号，邮政编码：130118）
发　　行：吉林出版集团译文图书经营有限公司
　　　　　（http：//shop34896900. taobao. com）
电　　话：总编办 0431-81629909　　营销部 0431-81629880 / 81629981
印　　刷：天津光之彩印刷有限公司（电话：13911826649）
开　　本：720mm×1000mm　1/16
印　　张：9
字　　数：100千字
印　　数：79 001-84 000 册
版　　次：2015年8月第1版
印　　次：2020 年 6 月第 18 次印刷
书　　号：ISBN 978-7-5534-4014-9
定　　价：22. 80元

母猫美娜

猫王波奥

公猫迪克

地下城猫王国

公猫伯爵

母猫妮娜

猞猁王国

猞猁虫虫

猞猁瑞森

猞猁王莫多

猞猁弗伦

托博

老寿星

穿山甲国

布鲁

媚媚

杰伦克

白蛾黛拉

鼠小弟洛洛

小青虫苏珊

人面蛾

树上的城堡

大青虫

大盗飞天鼠

海盗桑德拉

海盗军师

海盗卡门

海盗王

海盗们

老海盗王

海盗菲尔

蝼蝼蛄马克

蚰蜒爷爷

蚯蚓大叔

蝼蝼蛄大婶

蜈蚣

蚯蚓艾比

目录

CONTENTS

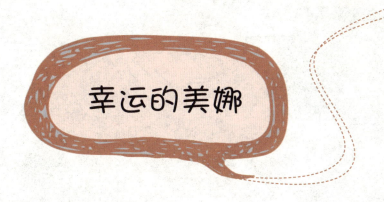

幸运的美娜

猞猁巨大的爪子按住了美娜的尾巴，它痛得嗷嗷直叫。迪克扑向猞猁，猞猁尖叫一声松开了爪子。

"快逃！"迪克用爪子一扫，要美娜跑在前面。

更多的猞猁前赴后继地扑过来，两只猫眼看就要被它们逮住了。

但美娜和迪克还有逃脱的希望，再往前跑上一百米，它们就逃出猞猁的地界了。

两只猫没命地奔逃。美娜的速度越来越慢，它被猞猁抓伤了。

"哥哥，你逃吧。"美娜绝望地扑倒在地上。

迪克把美娜甩到脊背上，咬紧牙齿往前跑。五十米，三十米，它听到身后的脚步声戛然而止。

猞猁们目光冷冷地盯着兄妹俩，发出幸灾乐祸的笑声。

美娜与迪克的前方出现几只大猫。

迪克被迫停下脚步。

"出去。"大公猫伯爵咆哮道。

"你们敢踏入我们的地盘一步，连胆小鬼波奥也不会放过你们。"公猫比利吼叫着。

波奥也胆怯地嚎了一嗓子。

迪克把美娜放在地上："我们必须进去。"

身后的猞猁们懒洋洋地趴在地上，等待美娜与迪克惨败而退。

气氛突然冷得可怕，眼看一场惊心动魄的厮杀就要开始。

大公猫们的身后突然传出沙哑的说话声："让我看看，究竟是谁这么胆大。"

猫们让到两边，一只巨大无比的老猫慢腾腾地走上前来："自古，谁也没有规定流浪猫不准加入猫王国。但你们得为此付出代价。"

群猫跟着起哄，大吼要美娜与迪克付出代价。

虚弱的美娜从地上站起来，走向老猫王。

"在猫城最古老的宫殿深处，有一间最华丽的寝宫。"老猫王说，"里面铺了数不清的金砖。能够享用它的一定是一只美丽绝伦、聪明无比的猫。"

"想要进入那间寝宫，必须答对问题。"大公猫伯爵说，"这伤透了所有猫的脑筋。"

"你要想试，有去无回。"老猫王说，"答对问题，你住进去，但如果错了，你猜到后果了吗？"

美娜朝前走了一步。迪克想要拦住它。

"让我试试。"美娜走到了那间最华丽的寝宫前。

金碧辉煌的房间内飘出一个绿头幽灵："我有可能的未来的主人，只要你回答对我的问题。就可以进来。房间的四面墙壁，

分别有794、808、797、801块金砖。天花板上有803块金砖。只要你在一分钟内算出金砖的总数，就可以拥有它。如果回答不出，你会变成这金砖中的一块。"

在场所有的猫都打了个冷战，它们眼睁睁地目睹过众多的猫被变成金砖。

美娜的脑筋一转："仔细观察这几个数，不难发现它们都接近800。计算的时候，找出每个数与800的差，大于800的部分作为加数，小于800的部分作为减数。用800与项数的积再加、减这些'相差数'，就是所求的结果。"

有的猫讥笑起来，有的猫为它担忧。但所有的猫都吓出一身冷汗。

"你只剩下半分钟。"绿头幽灵有些遗憾地说。

"794+808+797+801+803，"美娜说，"转换成800×5+（8+1+3）-（6+3）。再简化成4000+12-9。结果等于4003。这个寝宫拥有4003块金砖。"

"你确定了？"绿头幽灵阴森森地问。

美娜点点头。

"我的主人。"绿头幽灵突然变成一顶象征权力的帽子，扣到了美娜的头上。

"恭喜你，洁白如雪的美娜。"老猫王诚恳地对聪明的美娜说。

许多猫跟着欢呼起来。

并不是所有的猫都改变了态度，伯爵与它的随从依旧对美娜虎视眈眈，美娜与它的哥哥迪克想要在猫王国立足，还要经历许多的磨难。

披风勇士

冰冷的生满青苔的石洞里，胆小鬼波奥突然睁开了眼睛。黑漆漆的石洞外，它发现一双暗绿色的眼睛在盯着它。波奥吓了一跳，但由于石洞太窄小了，它根本就没跳起来，只是将僵硬的猫尾巴抵在了洞顶。

"别害怕。"绿眼睛的说话声十分沙哑。

波奥吓得大气也不敢喘。正是由于这种胆小的性格，才让它没有地位，在猫王国里只能蜗居在最破最小的石洞里。石洞的真正主人是大公猫迪克的，它租给波奥，一个星期需要付一个金币。

"迪克。"波奥用喉咙咕哝着，它想呼唤迪克。

它知道迪克会在赶来时，痛揍它一顿。但它可管不了这么多，比起打扰了迪克的睡眠，它更害怕眼前的绿眼睛。

"你从此以后不必再这样自卑地生活。"绿眼睛说，"因为波奥的祖先是让人骄傲的骑士家族。"

"你是？"好奇心虽然取代了害怕，奇奥并没有放松警惕。

"你的祖先。"绿眼睛说，"勇敢的铠甲勇士。"

"跟我来。"绿眼睛消失了。

几分钟后，绿眼睛赶回来，怒气冲冲地说："快点儿。"

波奥终于浑身哆嗦地爬出了小洞。它小心翼翼地在黑暗中摸

索着，终于走出长长的石廊。眼前的大厅有一缕微弱的烛光。烛光里坐着一个披风勇士。

"我叫波古。"披风勇士说。

面对眼前高大的猫勇士，波奥好奇地问："你是这座宫殿的主人？"

"是的。"披风勇士说，"如果不是美娜，我还被关在那间华丽的寝宫里。现在我自由了。只要在漆黑的夜里，你就可以见到我。"

"可是，你多大了呢？"波奥问。

波谷皱起眉头："我老得自己都不记得了。在猫王国，每1天有8888分钟。在那场战争夺走我的生命时，我已经活了3332天。之后我变成了猫幽灵。在幽灵界，每1天有4444分钟，我又度过了3336天。把这些数字加起来，就是我真正的年龄。"

"呃，我试一试吧。"波奥想了想，捡了一个石块，在地上写出了算式："我想应该是这样的吧。波奥的年龄应该等于8888×3332+4444×3336（分钟）。"波谷写完之后，又皱起了眉头，"知道算式也没用，这么大的数字，我算不出来的。"

"8888分钟，是不是可以用'4444×2'来替代？"波奥脑中灵光一现，立刻在地上写了起来：

$$8888 \times 3332 + 4444 \times 3336$$

$$= 4444 \times 2 \times 3332 + 4444 \times 3336$$

$$= 4444 \times (2 \times 3332 + 3336)$$

$$= 4444 \times (6664 + 3336)$$

$$= 4444 \times 10000$$

$$= 44440000（分钟）$$

我知道了，"波谷活了44440000分钟！"

"你看！我就说你一定行的！我终于知道自己活了多久了，谢谢你！"波谷激动得热泪盈眶。

"这么庞大的数字我居然能够算出来！"波奥也兴奋不已。

走到镜子前，他发现镜子里的自己真的勇敢起来。它相信波古的话，内心充满了力量。

饼干游戏

　　生活在猫王国里的每只猫都有不同的任务。迪克可以算是最出色的一只猫了。它可以混迹到人类的世界里，在地下城的上方，有一栋楼房，里面生活着迪克的主人。

　　可是，那位主人可不知道迪克在猫王国里的身份，并心甘情愿地为它提供猫粮。

　　除了老猫王以外，迪克都要克扣众猫的粮食。它总是出各种各样的难题，回答对了，可享用本就应该享用的猫粮。如果回答错误，

那么，就要扣除一部分。这样下来，大多数猫都饿着肚子，却几乎没有人敢指责迪克。

今天是流浪猫艾米加入猫王国的第十六天，也和往常一样，迪克给它分了最少份的猫粮。妮娜十分生气，拦住迪克。

"它快要被饿死了。"妮娜叫道。

艾米吓坏了，生怕妮娜惹怒迪克，连连道歉。

"该是你的，你就该得到。"妮娜对艾米说。

"别以为你了不得。"妮娜对迪克说，"所有生活在这里的猫，都有责任照顾大家，因为猫王国不是一只猫撑起来的。艾米每天都打扫房间，清下水道里的湿虫。"

"瞧瞧你在说什么傻话。"迪克大吼，"艾米没把我的卧室打扫干净。"

它冷笑起来："既然想要公平，那么，你们就试试吧。"

迪克把爪子伸进猫粮袋子，取出一颗星星形状的饼干，一颗小鸟形状的饼干。

"看见没？饼干有星星和小鸟形状的两种，它们的总数是18块。"迪克眨了眨眼，"星星饼干的数量是小鸟饼干数量的2倍。现在我要提问的是：星星饼干的数量比小鸟饼干多几块，一共有多少呢？"

妮娜要张嘴，被迪克制止了："闭嘴，让艾米说。"

"勇敢地说，"妮娜鼓励艾米，"我相信你。"

"我认为，首先得知道两种饼干每一份有多少块。"艾米说。

在妮娜的鼓励下，艾米拿来一堆石子放到桌上，一边摆一边解说着："星星饼干的数量是小鸟饼干的2倍，而所有饼干加在一起，总数是18块。也就是说，

总饼干数=小鸟饼干+星星饼干

总饼干数=小鸟饼干+小鸟饼干×2

也就是说，18=小鸟饼干×（1+2）

小鸟饼干=18÷（1+2）=18÷3=6（块）

星星饼干=小鸟饼干×2=6×2=12（块）

这样你的问题我也就能回答了，星星饼干比小鸟饼干多12-6=6（块），星星饼干一共有12块。"

迪克承认艾米回答对了，它只好怒气冲冲地拿出饼干。

艾米成功了，它代表敢怒不敢言的猫们，赢得了自己应得的一份。波奥、妮娜、伯爵都为它欢呼，老猫王也喝了一声好。

艾米把饼干分给了它的伙伴们。

这一次，高傲的猫们都对艾米另眼相看了。

小猞猁大智慧

　　猞猁王莫多皱着眉头，越走越焦虑。它伸出爪子打碎了杯子，众多猞猁吓得退到一旁。

　　"到底怎么办？"莫多环视所有的猞猁。

　　大家摇摇头，又点点头，吓得慌手乱脚。

　　原来，一批来路不明的穿山甲顺着粗大的下水管道，钻入地下城里的猞猁王国，对猞猁王国下了宣战书，想把所有猞猁赶走。

　　夜里，猞猁侦探瑞森潜入了穿山甲大军，并盗取了一张羊皮图纸，但图纸上的秘密，真是不好破解。

　　"如果没有猞猁能够破解这张羊皮图纸上的秘密，我就把你们通通赶出这个王国。"莫多发狠地叫道。

整整几天几夜，这些被吓得晕头晕脑的猞猁们没有一个说出一丁点儿好主意。但并不代表真就没有猞猁思考。

"我试试。"一只瘦小的猞猁走到羊皮图纸前对莫多说。

这只小猞猁太普通了，莫多甚至没有注意过它。因为它太微不足道，所以大家叫它虫虫。

莫多目光灼灼地看着虫虫："你吗？……说说看。"

"这应该是一张兵阵图。"虫虫说，"也许是为了怕我们发现这个秘密，才特意隐藏了一些数字。如果把圆圈里的数字填对，我们不仅可以留下足够的猞猁保卫猞猁王国，还可以与它们战斗，最终取得胜利。"

莫多看着虫虫，说："你已经算出来了，是不是？"

虫虫点点头，说："是的。但是我想请莫多统领答应我一件事。"

"你说。"

"等我们战胜穿山甲大军之后，只把它们赶出我们的家园就好了，不要再惩罚它们。让它们知道我们猞猁是爱好和平的，我们只保卫家园，不欺负流浪者。"虫虫说。

莫多带着敬意看了虫虫一眼说："我答应你。"

虫虫在羊皮图纸上画上一个"＋"号，然后指点着："羊皮图纸上的数字

和圆圈，其实组成了一道加法算式。"虫虫说。

"我们知道，要想让这个算式成立，圆圈中只能填入1到9这几个自然数。从个位3个数相加来看，要想尾数为8，圆圈中必须填7。十位要想结果为3，个位向十位又进了一个十，圆圈中就必须填7。从十位相加后向百位又进位了1，此时，如果要想向

```
          7
      ⑦  4
  +  ⑨  5  ⑦
  ─────────────
  ①  ⓪  3  8
```

千位进位，百位数一定是9，而百位相加的结果就是0，百位向千位进位1，所以千位为1。"虫虫接着说。

"可是，你这样说谁也听不懂。"胖猞猁弗伦抱怨着。

虽然莫多对虫虫的答案半信半疑，但经过一番研究，它相信了虫虫。猞猁们按照虫虫的图纸也摆了对应的方阵，并且留下了足够多的猞猁来应对会突然袭击到这里的穿山甲。

由于掌握了穿山甲大军的兵力安排，猞猁王国很快就赢得了胜利，把穿山甲们赶出了王国。莫多统领依照和虫虫的约定，没有追击它们。莫多把瑞森任命为猞猁王国秘密情报部门的最高指挥，又把立下大功的虫虫从门卫提升为侦探。

下下城

穿山甲王托尔的肚子像风箱一样艰难地发出喘息，它太老了，自从它的家园被洪水冲垮，就一直带领穿山甲们四处流浪。

它们先是到达蜈蚣岭，又流浪到蝎子坡，逃出狗城，没有人收留它们，最终疲惫不堪地来到了猞猁王国。遭到惨败后，穿山甲们唯一的希望没有了，而托尔的生命像快要熄灭的蜡烛一样飘忽不定。

托尔担心自己死后，穿山甲家族会因为无家可归而最后消亡。它整日以泪洗面，在地下城中最阴暗的角落里整日奔走，试图找到能够让穿山甲们容身的地方。

"托尔。"这是一个非常友好又小心翼翼的声音。

老托尔停下脚步，侧耳倾听。它发现并不是自己出现了幻觉，身边的穿山甲们都注意到这个躲在暗处的声音。

"是谁？"穿山甲媚媚一脸忧伤地问。

"但愿它别吃掉我们。"穿山甲杰伦克愁眉苦脸。

老托尔摇摇头："不！这个声音我认识。如果我没记错……"

"没记错。"黑暗中爬出一只刺猬，"跟我来，只要破解那个神秘地窖谜团，你们就有救了。"

老托尔有很多话想问，在一年前它救过刺猬，刺猬离开托尔后，就不知去向，今天怎么会出现在这里……但事情紧迫，它来

不及说什么，就跟着刺猬一路顺着羊肠石路朝下走去，走到一道石门前。

石门并不在墙壁上，而在脚下，门的中央燃烧着一团火焰，刺猬请穿山甲们让开，用鼻子碰触火焰。

火焰像雾一样散去，出现一些闪烁的文字和符号：

你若幸运留下 ◯

◯ 下 ◯

城 ◯

底下还有一行小字："最珍贵的东西总是深藏在地下，最大的秘密埋藏在简单的笔画中。给你一个提示：小于10的数字里最大的整数，就是最终的结果——现在请在4个圆圈里写出正确的算式。"

穿山甲们看着那些神秘的字符，惊疑不定，议论纷纷。

"我听过一个古老的传说，只要能破解绿头精灵们的咒语，

就能进入传说中的'下下城'，那里富丽堂皇，是能让你们安居乐业的好地方。"刺猬说。

穿山甲们的眼睛里都闪烁起激动的泪花，是啊，它们太想要一个属于自己的家了。

老托尔叹了口气，说："可是，这么复杂的谜题，我们之中谁能解得开呢？"

听到首领这样说，有的穿山甲忍不住啜泣起来。

"别灰心！"媚媚是一只很聪明的穿山甲，它凑过来，仔细看着那行字："最大的秘密埋藏在简单的笔画中……下下城……咦，'下'字一共3画，那它代表的是3吗？3，3，城……是乘？3和3相乘，那不等于9吗？"它激动得跳了起来，"算式是3×3=9！"

它正要把算式填到门上的圆圈里，却被刺猬拦住了，"小心！

据说一旦填错，下下城就会消失，直到一百年后才再次出现！”

媚媚吓得缩回了爪子。

旁边的杰伦克却来了勇气，它指着门上的那行字说："小于10的数字里最大的整数，就是最终的结果。'小于10的数字里最大的整数是9，媚媚的算式最终结果就是9！没错的，快填上吧！"

在杰伦克的鼓励下，媚媚在门上的圆圈里写下了"3×3=9"。

奇迹出现了。那些字闪烁起来，越来越亮，下下城的城门缓缓地打开了。穿山甲们欢呼起来，它们迫不及待地冲进了下下城，感叹着这座城市的美丽与壮观。从此以后，穿山甲们不再四处流浪，生活富足而快乐。

幸福果

"加油！加油！"猞猁们尖叫着。

"别落后！"猫们声嘶力竭地大吼着。

"争第一。"穿山甲大军也不甘落后地嚷着。

一年一度采摘幸福果的时刻到了，猞猁王国、猫王国和穿山甲国的动物们都进入了争抢的队伍中。

这一天，地下城的景象非常奇特，天空中垂下闪闪发光的25条很长很长的绳子，它们有红和黄两种颜色。这些绳子一端直垂到地面上，另一端直通云间，谁也看不出这绳子有多长。

据说，这25根绳子的长度加起来，就是天梯的长度。如果谁能知道天梯有多长，就能得到"幸福果"。

传说得到幸福果的人，只要默念自己的愿望，就能梦想成真。

穿山甲国、猫王国和猞猁王国的动物们都想要得到幸福果，它们争先恐后地爬上了绳子，想先量出绳子的长度，然后通过计算，得出天梯的长度。

但是，虽然它们都身手灵活，还是感觉到爬绳子的困难。那些绳子很调皮，总是晃来晃去。更气人的是，它们还会开口说话，捉弄那些爬绳子的动物。

一根红色的绳子问正在爬绳的莫多："嘿，大猞猁，跟我颜色相同的绳子一共有几条？"

莫多没搭理它，那根绳子生气了，用力晃动起来，把莫多抖到了下面的碧波湖里。

"哟！小穿山甲，你知道我有多长吗？"一根黄色的绳子也开了口，笑眯眯地问正在它身上努力攀爬的杰伦克。

杰伦克也知道不回答的话显得不太礼貌，但他太想快点爬上去了，所以实在是顾不上说话。

那根黄色的绳子也发怒了，用力一抖，把杰伦克也抖到了碧波湖中。

碧波湖上接二连三地传来"扑通""扑通"的声音，全是被绳子丢下来的动物。

母猫美娜也在小心翼翼地爬一根红色的绳子。没过多久，那根绳子也开始问问题："这位猫小姐，请问跟我颜色相同的绳子一共有几根？"

美娜知道，如果想要量出绳子的长度，就得赶紧一边爬一边量，不能分心考虑别的事情。但它是一只很有礼貌的小猫，让它忽视别人的问话，它实在做不出来呢。

于是，美娜停下了爬绳的动作，而是四处张望着数了一下，然后彬彬有礼地回答："绳子先生你好呀，红绳子一共有18根。"

那根绳子很高兴，因为这些企图丈量天梯的动物们从来都是只顾着一股脑儿地往上爬，很少会跟它们这些绳子说说话。绳子又说："那你知道黄色的绳子有多少根吗？"

这下美娜连数都不用数了，直接回答："25-18=7，所以黄色的绳子有7根。"

"你反应很快嘛！"绳子很开心，决定尽自己的力量，帮一帮这只又聪明又有礼貌的小猫一把。它一直安静地等着美娜爬了很久，这才提出第三个问题：

"猫小姐，你已经爬了整根红绳的一半，然后又爬完了剩下长度的一半，现在呢，离终点还有90米。而每根黄绳比红绳要长500米。只要你能开动脑筋，就能算出天梯的长度，不用非要一根根地去量哦。"

美娜惊喜地叫了起来："原来绳子先生向我们提问，是为了给我们提示，帮助我们啊！"

绳子笑着说："是的。但我们只帮助懂礼貌、聪明的动物。而且，就算我们给出了提示，还是会有很多动物算不出来。你

呢？你能算出来吗？"

"我能。"美娜低下头，静静地计算着，"这道题目是要从后往前算。'剩下长度的一半'是90米，那么剩下的长度就是90×2=180（米）。也就是说，红绳的一半是180米，而整根红绳的长度就是180×2=360（米）。每根黄绳比每根红绳长500米，所以黄绳的长度是360+500=860（米）。天梯的长度等于所有绳子的长度之和，红绳18根，黄绳7根，所以天梯的总长度是：18×360+7×860=6480+6020=12500（米）。

天梯的总长度是12500米！"

美娜话音刚落，所有的绳子就都消失了，正在爬绳的动物们全部轻飘飘地落到了地上。空中慢慢坠落下一颗闪着七彩光芒的果实，它一直落到美娜的掌心。一个声音从天空中响起："只有心地善良、勤奋聪明，才能获得幸福果——美娜小姐，你是幸福果的主人，请许下愿望吧！"

美娜对着幸福果大声说："我希望各个动物王国之间能够和平相处，所有的动物都能生活幸福。"

幸福果消失了，那神秘的光芒慢慢扩散，照亮了整个大地。

所有动物王国的首领都被妮娜的话感动了，穿山甲国、猫王国和猞猁王国之间达成了和平协议，再也没有了战争。动物们每天都过得很开心。

黑龙兄弟

刺猬布鲁嘴很馋，因为嘴馋，它几次三番地闯进鼻涕虫的地盘偷吃珍珠果，这次被逮了个正着。

鼻涕虫说什么也不放刺猬走，它的身体滑滑的，好像一块抹了油的泡泡糖，刺猬不管用什么办法也逃脱不了它的手掌心。

穿山甲杰伦克与媚媚发现刺猬不见了，在地下城里找了几天几夜，才找到布鲁。

可是，鼻涕虫很难对付，它不停地往地上吐黏液，不让穿山甲靠近。

"求你放了它。"媚媚说。

"它吃了我的珍珠果。"鼻涕虫瞪起眼睛。

"我们会叫来更多的穿山甲。"杰伦克发火了。

"什么人也改变不了我的主意。"鼻涕虫伤心地哭起来，"我的食物本来就不多，它这样做会饿死我。"

"我们有什么可以帮你的吗？"媚媚想了一个好主意，"不如为你提供足够的食物。"

"撒谎。"鼻涕虫吼叫道，"如果你们的食物够，它就不会来偷吃。"

这也难怪，鼻涕虫躲在这个小洞里不知多少年了，根本不知道下下城有多么富丽堂皇，它固执地不让步。

"我们不会说谎。"杰伦克说。

"不管说没说谎，都不行。"鼻涕虫说，"我原本是一条龙，由于偷吃女巫的东西，被施了魔法才变成这样。因为一块波斯地毯，不管什么人给我送食物，食物都会从半路飘走。"

"带我们去看看。"媚媚说。

鼻涕虫把它们带到波斯地毯前，这是一块黑白格的地毯。

地毯里冒出一团白烟，说："给我送什么好东西？"

它张开大口，居然吞吃了媚媚的手套。

"它总是不停地吃。"鼻涕虫说。

"我饿。"地毯抖动着，邪恶地笑了，"想让鼻涕虫吃东西？除非答对我的问题。"

"在我身上黑白相间的方格中，如果用记号（2，3）表示从上往下数第2行、从左往右数第3列的这一格，那么（18，7）这一格是黑色还是白色？"波斯地毯问。

　　杰伦克刚要数，地毯全变成了黑色。

　　"黑的。"杰伦克叫道。

　　波斯地毯朝杰伦克喷出一股黑烟："这就是给你的奖赏。"

　　杰伦克气坏了，却拿这块地毯没有办法。

　　媚媚心里想，如果不是黑的，一定是白的了，可是，这真是正确答案吗？

　　"现在开始。"波斯地毯狡猾地说，"只有一次机会，如果回答错了，你们再也见不到鼻涕虫。我会用魔法让它消失。"

　　杰伦克怒骂波斯地毯，媚媚拦住它："我来回答你。"

　　波斯地毯在空中得意地抖动着，等待媚媚的答案。

"把每一个方格都用数字作标记的话，那么第1行的第1列格子就可以标记为（1，1），我们可以看到这个格子是黑格。它旁边的第1行第2列的格子可以标记为（1，2），这个格子是白格。如果从纵向看的话，第2行第1列写作（2，1），是白格；第2行第2列则标记为（2，2），是黑格；第3行第1列标记为（3，1），是黑格；第3行第2列标记为（3，2），是白格……总之我们能看出其中的规律。"媚媚自信地说，"括号里面有2个数，如果这2个数都是奇数的话，格子是黑色的；如果这2个数为（奇数，偶数），格子是白色的；如果格子是（偶数，奇数），格子是白色的；如果这2个数都是偶数，则是黑格。"媚媚说。

"说这个我听不懂。"波斯地毯说，"我最讨厌算数了。"

它展开，又现出黑白格地毯："跳到'18，7'这块格子上来。"

媚媚并不是跳远的高手，它飞快地爬到了"18，7"格子上说："是白色的格子。"

波斯地毯突然抖动起来，令大家意外的是，它变成了一条黑龙。原来，它正是鼻涕虫的表弟，当鼻涕虫偷吃女巫的食物时，它就躲在后面。女巫当然发现了这一切，就把它变成波斯地毯。

兄弟俩团聚非常高兴，而穿山甲则带着刺猬高高兴兴地回到了下下城。

果子狸宴会

"总有解决的办法呀。"穿山甲们交头接耳,都希望对方能想出好办法。

托尔的儿子托博继承王位以来,第一次遇到了棘手的难题。穿山甲家族的远亲果子狸要来做客。

果子狸海娜写了一封热情洋溢的信,在信的末尾写道:"亲爱的表哥,我们第一批去1个人,第二批去2个人,第三批去3个人……一直到第十六批,去16个人,到时我们会带上最贵重的礼物。"

　　托博凝眉沉思，穿山甲家族一向不喜欢浪费，可是，海娜究竟要带多少亲戚来看望它们？

　　如果准备的食物少了，肯定会让海娜伤心，会让亲戚朋友们难过。如果准备多了……托博想起在浪迹天涯时被饿死的穿山甲。

　　它摇摇头，大叫绝不浪费。

　　"第一批是1个人。"穿山甲杰伦克说。

　　"第二批是2个人。"刺猬说，"加起来，一共是3个人。"

　　托博的眼睛里放射出光芒："是啊。如果这样算起来，是不是就有结果了？"

　　"只要我们努力，一定能够算出来。"媚媚说，"第三批来3个人。加起来一共是6个人。"

　　这时候，门外跑来信使罗顿："收到一封加急信，果子狸们还有半天就赶到这里了。"

　　托博差点儿晕倒过去。

　　这可怎么办？

不但没算出一共有几桌客人，连食物也没有准备充足。

就在它跑来跑去，手足无措的时候，足智多谋的金斯说话了。

"我觉得应该找一个更好的办法解决这个问题。"金斯说。

"来不及啦。"托博紧张得摔倒在椅子上，"如果海娜表妹看到我们这样慌乱，一定会非常失望。要知道，它最喜欢我这个表哥了。"

"今天要来的果子狸的批数，分别由1，2，3到16，而每一次来的人数也由1，2，3到16人。"金斯说。

"你说的我们都知道。"杰伦克说。

"可是难题解决不了。"刺猬急得直跳。

这让托博更加着急，它的脸红得像个熟透的苹果。

"各批人数，正好组成一个等差数列：1，2，3……16。"金斯不紧不慢地说，"因此，根据求和公式可以求出总人数。"

刺猬与杰伦克正掰着自己的脚趾头算数。

媚媚把十个趾头弯来弯去，开始用嵌在墙壁里的金花数数。

金斯大笑着看了看大家，说："何必这么费劲？我有一个等差数列求和的公式，可以直接用。"

说完，它在地上写了一个公式：

$$Sn = \frac{(a_1 + a_n)n}{2}, n \in N*$$

写完之后，金斯解释说："Sn代表的是这些数相加之后的和，a_1 是第一个数，也就是1；a_n 是最后一个数，即16。n 必须是自然数……"

它话音刚落，聪明的媚媚已经领悟了，带头写下了算式，边写边说，"也就是说，总人数＝（1+16）×16÷2=136（人）。会有136人来我们这儿做客！"

"你真了不起。"托博兴奋地叫道。

再不准备就真来不及了，它马上组织穿山甲准备了136份美味的食物，准备了136件精美的礼物。刚准备好，果子狸们就到了。来的人数正好是136人。

它们为穿山甲亲戚们奉上礼物，大家族开始了热闹欢腾的宴会。海娜很喜欢表哥托博，它准备留在下下城。托博非常高兴，它让所有的果子狸都留下来，快乐地玩几天。

136

精灵种子

"嘘！有幽灵。"鼠小弟洛洛一把按住大盗飞天鼠。

飞天鼠可是有名的大盗，只有它不想偷的，没有偷不到的东西。只是今晚它遇到了难题。

它与鼠小弟潜入到下下城，准备盗走精灵种子。传说只要谁第一个让精灵种子生根发芽，谁就可以拥有一栋空中城堡。

飞天鼠虽然什么都可以偷到，但从来没偷走过别人的房子。它渴望拥有一个稳定的安乐窝，这样就可以把偷到的各种宝贝藏在其中，过无忧无虑的快乐生活了。

当它与洛洛到达下下城古老泉边的精灵井旁，发现井盖怎么也打不开。

"想要打开井盖，必须破解井盖上的谜团。"鼠小弟说，"这一次我们一定失败了。再说，这么古老的下下城，如果突然蹦出一个幽灵，我们可就没法活命了。"

飞天鼠一把推开洛洛，它可不相信这一套。

"我偏要试试。"飞天鼠搓着两只手，围着井盖转圈。

飞天鼠研究了半天，用脚踢了一下每个枝杈分出的太阳花。它曾经盗走过金太阳花，知道这种花象征无穷的魔力，如果不想办法破解太阳花图案的谜团，它休想梦想成真。

"转一转。"鼠小弟推动井盖。

井盖里喷出一股绿水，洒到鼠小弟身上。鼠小弟好像被施了魔法，不停地笑起来。如果不是飞天鼠捂住它的嘴，肯定把穿山甲与果子狸吵醒了。

　　飞天鼠绕着井盖走了一圈，它惊讶地发现沾上绿水的太阳花全部复活了。它们张牙舞爪，发出狞笑。

　　"想要偷走精灵种子的人还没有出世。"太阳花吼叫道，"看到每一个花盘了吗？它象征一个古老的数字，只要你填对，那么，井盖自动会开启，你将成为幸运儿。如果失败，古井中的水将淹没下下城。"

　　飞天鼠真是吓了一跳，它一向喜欢偷东西，却不想害死穿山甲跟果子狸。

　　"这上面一个数字都没有，要我怎么填？"飞天鼠问。

　　"这就要看你的了，"太阳花说，"这些花朵拼成了一个圆圆的太阳的形状，每3朵花都能排成一条直线。你要做的就是在花心里填上数字，让每一条直线上的3个数字的和都相等。哈哈，我不认为你们有那个聪明劲儿能填对。"

　　鼠小弟退缩了："快逃吧。"

　　飞天鼠像大钟一样站着不动："贼不走空，我可不想空手而归。"

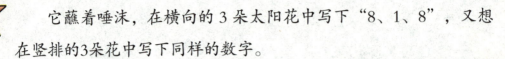

它蘸着唾沫，在横向的 3 朵太阳花中写下"8、1、8"，又想在竖排的3朵花中写下同样的数字。

太阳花骂起来："肮脏的家伙！必须在上面填上1至9中不同的数字。"

飞天鼠不听太阳花的话，它依旧用唾沫蘸着往上填写，在3个竖排的圆圈中写下"2、5、7"。

太阳花摇着脑袋："你的机会不多啦！"

鼠小弟说话了："你的数学可真糟啊。这样加起来，其他的数恐怕满足不了。"

飞天鼠第一次认真地看鼠小弟："如果你能破解，空中城堡有你一半。"

"如果中间的数字只能填1个，而其他的又不能重复，3个相加必须是同样的和。"鼠小弟说，"我们得先弄清楚，有几个数字相加的和一样。"

"有道理。"飞天鼠捏着下巴。

"2+9=3+8=4+7=5+6。"鼠小弟说，"这样下来，只余下1个数字1了，正好把1填在中间。"

"我知道了，"飞天鼠说，"还有1+9=2+8=3+7=4+6，中间的数字可以填5。同样，1+8=2+7=3+6=4+5，9也可以填在中间。"

鼠小弟蘸了一下身上的绿水，把其中一个数字填在太阳花中。果然，太阳花咒骂着变淡消失，井盖被打开了。

它们取出里面的精灵种子，兴高采烈，去种植精灵种子，建造空中城堡了。

险地逃生

　　地下城最阴暗的沟渠里居住着几条蚯引，它们大多数时候在睡觉，一年当中只有那么几天出来寻找食物。也因为这样，才没有敌人，无论是猞猁，还是猫们，以及穿山甲，都没有为难过它们。

　　可是这几天蚯蚓大叔与它的儿子艾比却伤透了脑筋。

　　它们每次出门时都要挖很久的洞，挖洞必须有准确的时间计划。如果早几天，天太冷它们会冻死，如果晚几

天，天太热，它们很可能碰到大青虫，这才是最可怕的。

大青虫最喜欢吃蚯蚓了，它就隐藏在泥土的某个角落里。

所以，它们把挖洞的时间计算得很准确，都刻在了泥墙上。但由于空气潮湿，字迹全都模糊了。

蚯蚓大叔哭得眼睛都肿了："我这么大年纪死就死了，可你还小啊！"

"爸爸，一定能想到好办法。"艾比也难过得流出眼泪，"我年轻力壮，独自去挖洞，到外面找食物。你就待在洞里。"

它不听爸爸的劝告，独自上路了。

它挖啊挖，时间过得漫长极了，却怎么也挖不到头。这时候

它想起爸爸告诉它的几句话："儿子，我们蚯蚓如果是挖软土的话，一小时能挖7米；如果挖硬土的话，一小时能挖5米。我挖的时候一会儿是硬土路，一会儿是软土路，我只记得挖硬土时和挖软土所用的时间差不多。那次我挖了4个小时，正好挖到大青虫的地盘上，幸好跑得快，要不然就会被它吃了。所以，如果能算出大青虫距离咱们这儿有多远，就可以避开它。"

艾比努力地挖着土，但心里很紧张，生怕一不小心就挖出大青虫，丢掉小命。但它又不能不挖土，因为要找食物带回去给爸爸。它又害怕，又紧张，挖着土，不由得轻轻地哭出声来。

"艾比，是你吗？"一个声音从松软的泥土中传来，把艾比

吓了一跳。它还以为遇上了大青虫，但又猛然反应过来：大青虫又不认识它，怎么可能知道它的名字。

艾比定了定神，发现喊它的是老邻居蝼蛄大婶。

"我听到了你的哭声，你怎么了，遇到什么烦心事了吗？"蝼蛄大婶从泥土中钻到艾比身边，关切地看着它。

艾比把它和爸爸的不幸遭遇告诉了蝼蛄大婶。大婶低头想了想，说："孩子，你动动脑筋。其实你爸爸知道的信息已经足够让你推算出大青虫的位置了。"

艾比猛然抬头，又惊又喜地盯着大婶看："啊？要怎么算？"

"我先教给你一个公式：V平均=（V1+V2）÷2，用你现在的情况来解释，可以理解为平均速度=（挖软土的速度+挖硬土的速度）÷2。"

艾比喃喃地说："按照这个公式，我爸爸的平均速度=（7+5）÷2=6（米/时）。"

"是的。"蝼蛄大婶鼓励地说："然后再算你爸爸大概挖了多少米。"

24米

"它挖了4个小时，所以大概挖了6×4=24（米）。"

"对呀！所以你算着点自己的速度、时间，别挖到24米那么远的地方去，不就安全了吗？"蝼蝼蛄大婶说。

"您说得对！"艾比兴奋地叫起来，"我知道我的速度，也会看时间。我可以避开大青虫了！"

艾比谢过大婶，飞快地往前挖去。在大青虫出没的路段，它格外小心，果然躲过了灾难，并找到食物重返回来，与蚯蚓大叔一起分享。它们再次长眠的时间到了，蚯蚓大叔为自己有这样一个聪明的儿子感到骄傲万分。

满载而归的金币

　　伴随一声破裂的声响，猞猁瑞森与猞猁王莫多都流下了冷汗。它们正在为蜥蜴艾德琳运送一批精美的瓷器，一共有1200件。如果安全送到1件，艾德琳会付7个金币；但如果打碎1个，不但不付运费，还要赔偿8个金币。

由于运送途中路面坑洼不平，它们已经听到不少碎裂声，这样下去，不但得不到金币，连整个狰狞王国的城堡都要赔进去。

莫多命令狰狞士兵走得再小心一些，而瑞森则更加谨慎地指挥着。沿途经过一片荆棘林，一片地下水城，终于到达了艾德琳的城堡。

卸下所有瓷器，艾德琳开始面无表情地进行检查。它不停地皱起眉头吸冷气，最后命令手下拿出4500个金币。

莫多没想到会付给它们这么多金币，它担心艾德琳弄错了。

"可是，你没有告诉我们究竟碎了多少个瓷器。"莫多说，"也许你弄错了，而使自己蒙受损失。"

艾德琳爽快地笑起来："在这里数一数，不就知道了？"

莫多的脸红了，身为猞猁的统领，它可不想去一件件地数瓷器。它苦思冥想，最终目光落到了虫虫身上。

虫虫有些不敢想象这个重任落在了自己身上。

"勇敢点儿。"莫多低声说，"我早已见识过你的聪明才智。"

"如果在运输的过程中，我们一件瓷器都没打碎的话，应该拿到更多的金币才对。但现在我们拿到的金币少，为什么呢？因为打碎一件瓷器的话，不仅拿不到运送那件瓷器应得的7个金币，还要赔偿8个金币。所以每打碎一件瓷器，我们实际上损失了7+8=15个金币。"虫虫有条理地向大家解释道。

"那么说说，该怎么算出来？"瑞森说。

蜥蜴艾德琳与它的随从也盯着虫虫，想知道它究竟有多聪明。

"如果我们一件瓷器都没打碎的话，那么我们应该得到1200×7=8400个金币。而我们实际得到的金币是4500个，8400-4500=3900个金币。也就是说，因为打碎的瓷器，我们一共损失了3900个金币。"

8400

"真没想到，"莫多吃惊地张大嘴巴，"我们竟然因为打碎瓷器而损失了这么多的金币。"

瑞森看向虫虫："究竟是多少件？"

"刚才我说过了，每打碎一个瓷器，我们实际上会损失15个金币。现在又知道，我们一共损失了3900个金币，那么，我们打碎的瓷器，当然要这么算。"虫虫在地上写了一个算式：3900÷15=260（个）

"我们一共打碎了260个瓷器。"虫虫说。

艾德琳拍手叫好："你真是一只聪明的猞猁。不如到我身边，我会让你过上更好的生活。"

虫虫摇摇头，它说自己永远也不会离开莫多，正是因为莫多才让它有勇气面对各种难题。猞猁们与蜥蜴艾德琳告别时，艾德琳特意送给虫虫一件瓷器。虫虫把它献给了莫多。

猞猁们为虫虫而自豪，它们快快乐乐地带着金币返回了猞猁城。

草原之旅

果子狸们在穿山甲的下下城住久了，开始想念家乡。

托博不止一次发现表妹海娜在偷偷哭泣："有什么伤心事，告诉我吧。"

海娜扑到表哥身上："家里还有妹妹碧娜与弟弟小糊涂，我想回去看看。"

穿山甲托博也很想念表妹的亲人们，它决定陪表妹一起回去。果子狸和穿山甲们经过几天的准备，终于组织了一支浩浩荡荡的大军，要前往果子狸的草原之乡。急性子的海娜匆匆写了一封信，就寄出去了。

海娜的妹妹果子狸碧娜收到信时犯了难。

只见信上写道：

"除了你知道的我们自己要坐的船，如果派20艘船，还剩下30只穿山甲坐不下。如果派25艘船，不但所有穿山甲都坐下了，还有一艘船可以再坐5只穿山甲……好啦，亲爱的碧娜，托博叫我有事，我要再去准备了。"

碧娜想，姐姐并没有说明准确的人数，要怎么准备船和客房呢？

它急中生智，就先派去了25艘船。可是，由于弄不清楚究竟来了多少亲戚，无法安排客房，它没日没夜地研究着信上的数，想

得脑袋直痛。

　　小糊涂是碧娜的弟弟，它发现了姐姐的不寻常："你的嘴不停地嚅动，在吃什么好东西吗？哈，我知道不是，你在自言自语些什么？"

　　碧娜实在太想找人说话了，就把这个烦恼吐露给了小糊涂。它根本没指望小糊涂会帮自己，因为它只会不停地吃东西，身体胖得像个球。

　　"我可不认为有多难，"小糊涂说，"但你必须为我准备丰盛的虫宴。"

　　"只要解决这个难题，"碧娜说，"姐姐什么都答应你。"

　　"真的吗？"由于怕自己会继续长胖，碧娜姐姐平日里可不是这样慷慨。小糊涂不敢相信。

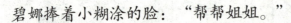

碧娜捧着小糊涂的脸："帮帮姐姐。"

"想要知道有多少只穿山甲坐船，必须弄清每艘船能坐多少只。"小糊涂说。

"我也正为这件事犯难。"海娜焦急地跺着脚。

"海娜姐姐在信中说，如果派20艘船，还有30只穿山甲坐不下；而派25艘船的话，穿山甲都有的坐，而且其中一艘还能再坐5只穿山甲。25－20=5（艘），只多了5艘船，第一次派船时坐不下的30只穿山甲就都有了位子，而且还有多余的5个位子。"

碧娜眼睛一亮："我明白了，所以应该这么算：（30＋5）÷5＝35÷5＝7（只）；每艘船上坐了7只穿山甲！"

"是啊。"小糊涂点点头。

"赶快告诉我，弟弟，"碧娜兴奋地跳起来，"一共有多少只穿山甲来做客呢？"

"你真的给我虫宴？"小糊涂问。

"姐姐不会骗你。"碧娜说。

"7只穿山甲坐一艘船，共用了25艘船，还余了5个位子，这说明穿山甲的数目有7×25－5＝175－5＝170（只）。一共有170只穿山甲来我们这里做客。"

碧娜高兴极了，它为小糊涂准备了丰盛的虫宴，并按照小糊涂的答案，准备了相应的客房。

她惊喜地发现，弟弟算对了。来的穿山甲正好是170只。由于准备及时与妥当，穿山甲们在草原上玩得非常快乐。

青蛙宝宝

"呱，呱。"青蛙丽莎哭得格外伤心。

"呱，呱。"青蛙蔓达与吉莉也都不住地流淌眼泪。

它们是三只青蛙妈妈。两个月前，它们在碧绿的水莲湖里产下了三泡蛙卵，蛙卵孵化出一群可爱的蝌蚪宝宝。三只青蛙高兴极了，每天在蝌蚪宝宝中间游来浮去，看着它们快乐地成长。

可是突然来了一群狳猁，它们在水中又抓又挠，把青蛙妈妈们吓跑了，蝌蚪们也在浑水里四处逃窜。等到青蛙妈妈们返回来，才惊恐地发现小蝌蚪们全都不见了。

正当丽莎、蔓达和吉莉整日以泪洗面，突然看到水莲叶底钻出一群小青蛙。

它们一个个跳到水莲叶上，大喊妈妈。

丽莎高兴得跳起来，扑向小青蛙："真的是我的孩子？"

小青蛙齐喊妈妈。

蔓达与吉莉也冲向青蛙宝宝，大家高兴了好一会儿。可是它们的情绪突然又低落下来。

"我沉浸在幸福中，还没有数过我究竟有多少个宝宝。"丽莎说。

　　"我从未想过猞猁会出现。"蔓达也正为这个头痛，"它们一来，我们全吓跑了。"

　　"在这里过着平静的生活，我们谁也没数过自己的宝宝究竟有多少个，虽然我们都全心全意地爱它们。"吉莉说。

　　三只青蛙妈妈想弄清楚究竟有多少只小青蛙，想知道有没有不幸被吃掉的孩子。

　　丽莎回忆着："眼睛后面有绿斑的小青蛙是我的宝宝。我与蔓达在一起看护它们时，我记得一共有24只蝌蚪。那个时候，吉莉带着它的宝宝走亲戚去了。"

　　"我的嘴巴大，大嘴巴的全是我的孩子。"蔓达说，"我记得那一天，我与吉莉看护它们，共有26只。而丽莎你带着孩子去了阳光湖。"

"是呀。"吉莉说，"我们三个在一起时，从来不数蝌蚪的数量，但只有两个在一起时，都会很警惕。蔓达不在那一天，我们两只青蛙的宝宝加在一起一共是18只。"

"我们只要弄清楚每只青蛙的蝌蚪有多少，就会知道是否少了。"丽莎觉得这主意不错，却不知接下来该怎么办。

吉莉与蔓达也连连摇头，因为它们的宝宝总混在一起，而小蝌蚪没变成青蛙时，又都一模一样。

"别伤心，别烦恼。"水莲叶底下钻出足智多谋的鲶鱼奶奶，"我都听见了。丽莎的宝宝与蔓达的加在一起，一共有24只。蔓达与吉莉的加在一起有26只。丽莎与吉莉的加在一起有18只。"

"这些我们都知道。"吉莉说，"可是怎样分开呢？"

"把上面所有的数字加起来，即24+26+18=68（只）青蛙宝宝……"

鲶鱼奶奶话还没说完，就被心急的吉莉打断了，"不对啊奶奶，这样算的话，我们每个人的宝宝都被数了两遍啊。"

鲶鱼奶奶笑眯眯地说："所以啊，最后要把结果除以二，才是你们的宝宝总数。即，68÷2=34（只），你们三个的宝宝数目加起来，是34只。"

蔓达与丽莎十分高兴。

"可还是不知道每只青蛙的宝宝的数量。"吉莉说。

"当然可以知道。"鲶鱼奶奶说，"你们看护蝌蚪时，从未三个同时出现，只要用总数量分别减去你们与另一只青蛙在一起时宝宝的数量，得到的正是另一只青蛙拥有宝宝的数量。吉莉带着孩子走亲戚去时，池塘里只有丽莎和蔓达的宝宝，数目是24只。现在知道你们的宝宝总数是34了，所以吉莉的宝宝数量是：34－24＝10（只）。用同样的算法可以算出丽莎的宝宝，即34－26＝8（只）；而蔓达的宝宝是34－18＝16（只）。"

三只青蛙慌忙数跟自己长得像的小青蛙，发现正好是鲶鱼奶奶所说的数量。它们非常高兴，谢过鲶鱼奶奶后，又都高兴地唱起了夏夜大合唱。

墨镜鼹鼠

秋天到了，天气十分寒冷。鼹鼠们又开始了过冬的储备工作。它们修好房屋，储备了冬衣。可轮到挖马铃薯时，都推三阻四，往后退缩。

"墨镜鼹鼠脾气古怪，不喜欢与大家交朋友。"鼹鼠布兰奇说，"它只守护着那片马铃薯地。"

"可是它种得太多了，根本吃不了。"鼹鼠蒂丝说。

"真是奇怪，我们种的马铃薯不是枯萎，就是不结果实。"洛特

说，"而它的地里却总是年年丰收。"

大家议论纷纷，为了安全过冬，它们不得不一年一年地硬着头皮去墨镜鼹鼠的马铃薯地收马铃薯。

"老规矩，"墨镜鼹鼠说，"一个马铃薯一个金币。"

所有的鼹鼠去摸口袋，别说一个金币，它们整日生活在地洞里，视力又不好，根本没有人雇佣它们，连银币也很难拥有。

"那就谁也不能动。"墨镜鼹鼠发出恶作剧的笑声，"谁都知道你们这些鼹鼠天资愚蠢。回答我的问题，谁能答对，谁就挖马铃薯。"

所有的鼹鼠都吓得退缩了。它们年年被难住，所以总是空手而归。

"我试试。"小鼹鼠克蒂斯的妈妈由于生病，没有食物，躺在床上快要饿死了。

"哟，居然是一个呆头呆脑的小家伙儿。"墨镜鼹鼠假装一脸宽容，提起一串葡萄，"你一分钟可以挖葡萄这么多的马铃薯，那么9分钟可以挖多少个？"

克蒂斯想得满头大汗，也没有想出来。

"不公平，这样的题不会有人答出来。"布兰奇吼道，"克蒂斯还没看清葡萄，你就把它藏到身后了。"

"它的妈妈快要死掉了。"蒂丝抽噎了一声，替克蒂斯难过。

墨镜鼹鼠虽然喜欢恶作剧，却并不很坏。它皱了皱眉头："笨家伙，听好了，如果那串葡萄是300个，你9分钟可以挖多少个马铃薯？"

"1分钟是300个。"布兰奇笑得口水都流出来了，它一直渴望拥有这么多的马铃薯。

"克蒂斯，你可以的。"蒂丝为它加油鼓劲。

克蒂斯想了又想，想出一个绝妙的主意："我现在就去挖，如果9分钟挖对了你说的数目。那些马铃薯全都归我。"

墨镜鼹鼠点头同意："小子，也有可能你一个也得不到。"

克蒂斯一头窜进马铃薯地，它一心只想着生病的妈妈，9分钟里刨出了山一样高的马铃薯。

墨镜鼹鼠开始数马铃薯，它整整数了一个上午，摇摇头说："好吧，你赢了。一共是2700个马铃薯。"

布兰奇与蒂丝为克蒂斯欢呼，它们纷纷询问克蒂斯是怎么知道这个数目的。

"一分钟是300个，9分钟，300乘以9，当然就是2700个啊。"

墨镜鼹鼠十分喜爱聪明的克蒂斯，它不仅送给它2700个马铃薯，还赠送给它一块肥沃的土地。

墨镜鼹鼠说了实话，它不想独自一人待在马铃薯地里，正是因为太寂寞了，才想出捉弄大家的办法。现在，它也想加入鼹鼠的队伍，要大家与它一起分享所有的马铃薯。这下，鼹鼠们就不愁没有过冬的食物了。

选猫王

在最寒冷的一个冬天的早晨，老猫王死去了。它刚下葬，猫城就乱了套。

大公猫伯爵认为它有理由当上猫王，美娜和迪克认为它太自私，如果当了猫王，会有许多猫受到不公平的待遇。

大公猫们认为迪克最适合当猫王，它善良正义，博爱无私。可是，迪克却不这样想，它早与波奥成为了好朋友。它宣布，这些优点不仅自己身上有，波奥身上也有。最主要的是，只有迪克知道，波奥的身上拥有骑士血统，骑士从来都冲在危难来临时的最前面，如果让它当猫

$$4x=44-8$$

王，所有的猫都会过上幸福的生活。

伯爵气得直跺脚："猫王非我莫属。"

"那就去问猫巫。"美娜提议，"它能看到未来。"

所有的猫去找猫巫，它又老又丑，默默无闻，只有当猫王国发生重大事件时，才会有猫想到它。

猫巫从一只上锁的黑箱子里拿出5个X形勋章："猫王国出过5名骑士，它们在44年里轮流着保护着猫王的安全，最后一名骑士陪伴猫王渡过了8年。你们知道其他4名骑士保护猫王的平均年限吗？"

伯爵有勇无谋，它急得抓耳挠腮，就是没想出结果。

自从见到骑士祖先已经过去一年多了，波奥不仅长高许

多，还变得聪明起来。

它用木棒在地上写："4x+8=44。"

"你列得没错。"猫巫说，"但我依旧没看到结果。"

"波奥，你做得棒极了。"美娜说，"请继续。"

"这种加加减减谁都会。"伯爵不屑一顾，"但恐怕你连自己的脚趾头都数不清吧。你一向喜欢在关键时刻哭鼻子。胆小鬼！"

波奥并没有生气，它一向尊重伯爵，因为伯爵在它是个胆小鬼的时候，虽然责骂它，但常帮助它。

波奥说："将4x看成一个加数，根据'一个加数等于和减去另一个加数'，就可以得出，4x=44－8，化简得4x=36。"

猫巫瞪大眼睛："只有猫骑士的后代才如此聪明。难道，你的祖先是猫骑士？"

"骑士？"大公猫们全都瞪大眼睛，谁也不相信胆小鬼波奥拥有如此神秘高贵的血统。

除了迪克，波奥从没有把这个秘密告诉任何人。

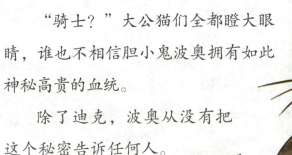

它不想炫耀自己，想用实力向大家证明自己。

"这时，将x看成一个数，根据'一个因数等于积除以另一个因数'得x=36÷4。最终，得出x=9。"波奥说，"其他4名骑士平均陪伴了猫王9年。"

"你一定就是猫骑士的后代了，我真为你自豪。"猫巫宣布，"只有最聪明的猫，才能当猫王，非波奥莫属。"

别看伯爵脾气大，性子急，它也十分尊重猫骑士，它欣然同意猫骑士的后代波奥当猫王。猫王国举国欢腾，都为波奥送上最真诚的祝福。

美丽的草原袍

穿山甲们到草原之乡做客，临别时，果子狸碧娜与海娜决定送给每只穿山甲一件草原袍。这是一种非常美丽的衣服，用牵牛花的花瓣与莠草的茎叶织成，柔软得好像天鹅的羽毛。

但急性子的海娜又犯了老毛病，它画好衣服图纸后，就把这件工作交给了碧娜。

"姐姐，告诉我，要缝制多少件？"见到海娜急匆匆地去参加乌龟邀请的宴会，碧娜着急地问。

"还要带一批送给远在下下城的朋友。"海娜因为思考皱起眉头，"我忘了多少件了。但我与托博商量过，如果安排每只果子狸缝制8件，还少做14件；如果将现有的果子狸数量增加到原来的2倍，那么安排每只果子狸缝制5件就多了10件。好啦！真是烦死人了……来不及了，亲爱的碧娜，我相信你最终能够猜出需要多少件。"

"猜！"碧娜急得团团转。

这么重大的事情，怎么可以用猜呢？

如果缝制少了，穿山甲们会不高兴。但如果多了，又浪费了衣服材料。它在制衣间里急得跑来跑去，忽然想到了小糊涂。

"糟啦。"碧娜突然想到，"小糊涂被姐姐带去赴宴了。真是爱玩的姐弟俩。"

它急得眼泪汪汪的，突然听到身后传来说话声："表妹，你这是怎么了？"

走过来的正好是托博。这几天除了收拾行囊，它就四处游逛。

碧娜把自己担忧的事情告诉了它。

"真遗憾，我也忘记了。"穿山甲托博说，"不过，我们可以推算出来。"

碧娜高兴地跳了起来："你真是一个好表哥。"

托博被夸奖得脸红了，也信心十足，竟然忘记了聪明的媚媚没在自己身边。以往，如果媚媚不在，它是不敢解决这些复杂的难题的。

"我们可以把果子狸的数目设置为x只，这样，x只果子狸每只缝制8件衣服，再加上剩余的14件，就可以与x只果子狸每只缝制5件，乘以2倍的数量，减去10件相等。"托博说。

"可是，好像没什么进展。"碧娜伤透了脑筋。

果子狸裁缝们也跟着摇头。

面对如山的衣服材料，它们充满了担忧。因为如果不赶快缝制，草茎会枯萎，花朵会凋零。

"可以用算式代替，$8x+14=5 \times 2x-10$。"托博说，"这样

算，化简后得：$8x+14=10x-10$，$2x=24$，可知，x等于12只。12只果子狸每只做8件，再加上14件。表妹，我猜你接下来一定能够算准确。"

碧娜受宠若惊："表哥，我一向解决不了这样的难题。"

"我相信你。"托博轻声说。

碧娜把一只手按在太阳穴上，琢磨着，它惊喜地叫道："一共是110件衣服。"

"你真是一个聪明的表妹。"托博点点头。

碧娜兴奋地欢呼起来，它吩咐果子狸裁缝们缝制了110件精美的草原袍。表哥托博回到下下城，写来了热情洋溢的信，它告诉表妹，110件草原袍分给了109只穿山甲，一只刺猬，大家都得到了礼物，它非常感谢碧娜。

未来魔镜

大盗飞天鼠与鼠小弟洛洛最近盯上了一艘整日游走在地下河的海盗船。海盗船上居住着一群海盗豚鼠。

它们劫富济贫，但有时为了某些宝贝，也会不讲情面。

比如一面宝镜，这面镜子是从猫王国最古老的宫殿里盗出来的。它不仅可以映出人的过去，还可以看到未来。

飞天鼠为这面镜子着迷，鼠小弟洛洛也想知道自己在不久的将来会是什么模样。所以，它们混迹到海盗中间。

可是，不但没得到宝镜，还被狡猾的海盗军师识破了。

　　海盗们把它们抓起来，投进了船底舱的水牢。

　　鼠小弟整日以泪洗面，飞天鼠也悔恨万分。

　　为什么要偷一面不值钱的镜子？可以看到自己的过去和未来，又能怎样？现在就快要死掉了啊！

　　在船上最华丽的房间里，海盗王与它的手下们也正在开会。

　　海盗卡门说："飞天鼠神通广大，它确实做过许多对我们帮助很大的事情。"

"可是，它居然想到偷我们的东西。"海盗王说，"盗亦有道。"

"不能饶过它。"海盗军师也大吼。

令它们尴尬的是，投赞成票的只有它们两个，其余的各个海盗统领，念及旧情，都决定帮助飞天鼠和鼠小弟。

"我们这么办。"海盗桑德拉说，"船上每一个统领组织手下进行投票，6个统领组织6群豚鼠，减去一个最高票数，再减去一个最低票数。得出的平均数，只要超过90，就放它们走。"

海盗王对自己的统治很有信心，它认为一定是自己赢，就点头同意了。

海盗们开始投票了，令海盗王没想到的是，对于放走大盗飞

92票

天鼠，它的手下居然投了91票；卡门的手下投了97票；桑德拉的手下投了96票；盖尔的手下投了95票；菲特的手下投了93票；唯有海盗军师手下的投票数没有宣布。

狡猾的海盗军师想出了这样的难题："我早就算出，平均分是94分。但仅仅通过这一点放走飞天鼠与鼠小弟。太便宜它们了。"

"那要怎么办？"桑德拉愤怒地瞪起眼睛。

"若想要它们走，你们就算出我的手下一共投了多少票。"

大家伙的心情都沉重下来，害怕鼠小弟与飞天鼠在劫难逃。但令它们没想到的是，结局居然是皆大欢喜。

"如果卡门的手下给了最高投票数，那么再去掉一个最低票数就是91分，剩下的四个票数的平均分为：（95+97+96+93）÷4≠94。"桑德拉说。

海盗军师哈哈大笑："你认输了？那就快去把飞天鼠与鼠小弟处死。"

"别急，如果你的手下给出的是最低票数，那么去掉一个最高票数97，剩下的四个票数的平均数为：（95+91+96+93）÷4≠94，这两种假设均不成立。"桑德拉微微一笑，"所以，如果你手下的票数没有被去掉，那么去掉的两个票数就分别是97和91。"

"你还没说最后结果。"海盗军师说。

"94×4－（95+96+93）得出92票。"桑德拉一把抓住海盗军师的手，它手中的票数果然是92票。

正是因为桑德拉的聪明与正义，飞天鼠与鼠小弟获救了。在离开海盗船时，它们路过那面神奇的镜子，正看到未来的自己坐在空中城堡最华丽的客厅里吃美味的蛋糕呢。

虫虫世界

"这太不公平了。"蜈蚣贝亚气愤地叫道。

"是啊，太不公平。"蛐蛐邦妮也抗议道。

老鼠科恩的一只爪子按住发抖的蝗虫鲍勃，威严地瞪着大家："找不到足够多的萤火虫，虫虫游乐园就昏暗无光，它该受到惩罚。"

最近，鼠老板科恩把一个幽暗的洞穴开发出来，准备建一个虫虫游乐园。贝亚、邦妮和鲍勃都是它的员工。科恩吩咐它们去找来足够多的萤火虫，这样虫虫游乐园就充满光亮，使生满蕨类植物的洞穴看起来像一个精灵的世界。

已经有许多昆虫和动物慕名而来，订购了游乐园的门票。

可是，它的计划并没有想象得那样成功，由于萤火虫的数量太少，远无法像海报上宣传得那样灿烂夺目。

科恩的爪子一用力，蝗虫鲍勃痛得直叫。

"游乐园在两天以后开门营业，我们还有时间。"贝亚乞求道。

科恩吼叫："由于你们拖延时间，找到的萤火虫都死掉了。现在已经来不及了。"

"为什么不请飞天鼠帮忙？"邦妮想了一个好办法，"它与鼠小弟无所不能。只要请它来，就会找到足够多的萤火虫。"

"不！"鲍勃胆怯地说，"它能找到世界上最漂亮的灯，到时候就不用为萤火虫发愁了。"

科恩果断地给飞天鼠与鼠小弟写了一封信。这两个家伙马上赶到了虫虫游乐园。不过，它们提了一个要求。

"想要我们帮忙也行，但大盗从来也不干没有报酬的事。"飞天鼠的目光掠过每一个动物，"我需要你们支付940个金币。"

这真是狮子大开口，但为了拯救鲍勃的性命，所有员工都同意了。

鼠老板科恩摇摇头，看向员工："我不会出一个金币。这全得你们自己负担。"

它想到一个主意："你们一年的工资正好是这个数量。好吧，我先替你们支付。但在之前，要先弄清楚每人欠我多少钱。"

员工中传来一阵唏嘘，它们知道自己的薪水远不止这个数目。但为了解决燃眉之急，也只有同意。

科恩指向贝亚与其他4只蜈蚣："你们每只蜈蚣得拿出95个金币。"

贝亚与它的伙伴点点头。

　　"邦妮与你的蛐蛐妹妹，每只掏97个金币。"科恩说。蛐蛐姐妹也委屈地点头。

　　"鲍勃，"科恩眯起眼睛，"全是因为你，你得掏93个金币。"鲍勃简直要晕过去了。

　　科恩看向知了："你们拿出91个金币。"

　　连飞天鼠与鼠小弟都开始佩服精明的鼠老板。飞天鼠虽然是一个大盗，却很讲义气："科恩，你这是在欺负人。"

　　科恩看向员工们："只要有谁算出你们平均负担多少金币，我就一个金币也不要了。"

　　鲍勃激动得要流出眼泪了，邦妮与贝亚也都兴奋得跳起来。

　　"别高兴太早。"科恩最看不惯员工们得意。

　　知了三兄弟平时可不爱说话，这时候，它们齐声叫起来："不难。"

　　"快说。"员工们欢呼。

　　"把2个97枚金币加在一起，4个95枚金币加在一起，3个91枚金币加在一起，再加上一个93枚金币。"知了三兄弟叫道，"除以10，得出的正好是平均数。"

　　"是多少？"科恩有点发抖了，因为知了三兄弟说得很对。

　　"94枚。"知了三兄弟叫道。

　　光看科恩气得发抖的双腿，飞天鼠就能猜出知了兄弟答对了，它履行了承诺，找来许多盏精美的灯，这样一来，整个虫虫游乐园灿烂夺目，取得了极大的成功。而员工们也得到了自己的报酬，它们没忘掉大盗飞天鼠与鼠小弟。只要老板科恩不在，鼠兄弟俩就可以免费来虫虫游乐园探险了。

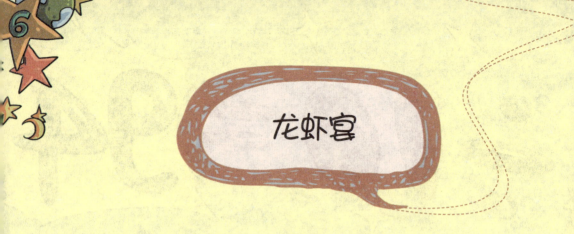

龙虾宴

鼻涕虫与黑龙兄弟最喜欢吃龙虾了。它们在碧水湖里捞上来许多龙虾，准备请刺猬和莫多兄弟俩前来做客。

黑龙准备换换花样，对鼻涕虫说："表哥，我们要做多少道菜呢？"

　　"就是做一百道，还不都是龙虾嘛！"自从被变成鼻涕虫，龙哥犹利就失去了味觉，吃什么都一个味道。

　　"那只是你的看法，"黑龙凯西说，"谁都知道刺猬是世界上嗅觉最好的家伙了。"

　　"那你有什么高招？"犹利说。

　　"先让我数数有几只龙虾。"凯西数了一遍，"四脚龙虾有3只，八脚龙虾有2只。我想把这两种龙虾搭配着做成美味，不知能变换出多少种不同的做法。"

　　"凯西，你很聪明。"鼻涕虫说，"我相信你会有办法的。"

　　鼻涕虫最爱睡懒觉，它趴在地上睡着了。

　　黑龙走来走去，把龙须都快揪折了。它正犯着愁，远远看着

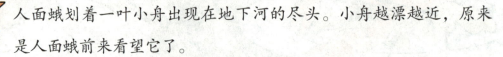

人面蛾划着一叶小舟出现在地下河的尽头。小舟越漂越近，原来是人面蛾前来看望它了。

"遇到什么难题了？"人面蛾发现高兴之余，黑龙凯西心事重重。

黑龙把遇到的怎么做龙虾的难题告诉了人面蛾。

"为什么不用龙虾试一试？"人面蛾提议，眨着两只人眼。

"好主意。"黑龙把龙虾摆成一排。

人面蛾在龙虾堆里走来走去，好像在研究什么奇妙的古董。它的眼睛不停地转着，突然有了主意。

"好兄弟，有没有我的一份？"人面蛾看向黑龙。

"当然有。"黑龙凯西说，"你也是我最好的朋友。"

人面蛾很高兴，它盯着比自己还大的龙虾，先要凯西拿出1只四脚龙虾，1只八脚龙虾。

"对，这是一种。"黑龙凯西拍手叫好。

人面蛾要黑龙凯西拿出2只四脚龙虾，1只八脚龙虾。

"第二种。"黑龙凯西跳起来，"难题就这样解决了！"

"别急，还有呢。"人面蛾要凯西又拿出3只四脚龙虾，1只八脚龙虾。

"第三种。"鼻涕虫被吵醒，也跟着叫道。

"这次应该没有了吧？"黑龙凯西与鼻涕虫全都眼睁睁地盯着人面蛾。

"当然还有。"人面蛾继续指导凯西拿出1只四脚龙虾与2只八脚龙虾，接着又拿出2只四脚龙虾和2只八脚龙虾，最后又拿出3只四脚龙虾和2只八脚龙虾。

　　"就这几种。"人面蛾说，"不过，只要把它们的身体切开，就可以做出番茄味、卤肉味和芥末味等各种各样的美味了。"

　　"真没想到会有6种不同的搭配方法。"黑龙兴奋地说，马上写了一封邀请信。没用了多一会儿，刺猬与莫多兄弟就赶到了。

　　黑龙用各种调料，制作了六盘龙虾，伙伴们一起吃了一顿丰盛的晚宴。

返乡叶子舟

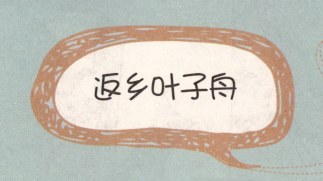

"再见！"人面蛾在黑龙家里吃过丰盛的晚餐，站在叶子舟上，与它们告别。

它要划上一段艰难的旅程，才能够到达地下河的出口，由那里才可以飞回森林。

路途中，它突然想起一个重要的约会。原来，早晨醒来，它写信约白蛾黛拉去树上的城堡里做客，却没想到，看到天气晴朗，它完全忘记了这件事，竟然乘船去看黑龙兄弟了。

它着急万分，如果白蛾黛拉一直等下去，一定会生气的。最重要的是，它会以为自己遇到了什么不测，会难过死的。

该想一个什么好主意呢？

对了，给黛拉写一封信，告诉它自己平安无事。如果愿意等就让它安心地在城堡里喝

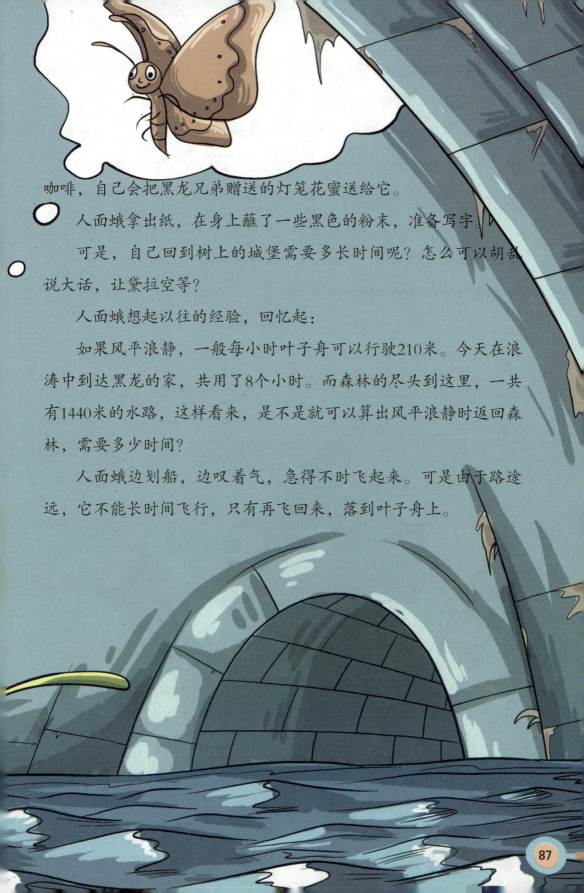

咖啡，自己会把黑龙兄弟赠送的灯笼花蜜送给它。

人面蛾拿出纸，在身上蘸了一些黑色的粉末，准备写字。

可是，自己回到树上的城堡需要多长时间呢？怎么可以胡乱说大话，让黛拉空等？

人面蛾想起以往的经验，回忆起：

如果风平浪静，一般每小时叶子舟可以行驶210米。今天在浪涛中到达黑龙的家，共用了8个小时。而森林的尽头到这里，一共有1440米的水路，这样看来，是不是就可以算出风平浪静时返回森林，需要多少时间？

人面蛾边划船，边叹着气，急得不时飞起来。可是由于路途远，它不能长时间飞行，只有再飞回来，落到叶子舟上。

突然，水里钻出黑龙："老兄，我长了千里耳，在家里听到你唉声叹气，就过来看看。没想到你为这事发愁。"

黑龙早在水下听到了人面蛾的咕哝："你帮了我的忙，我也帮了你。我特意下潜到很深的地下河里，龙姑娘玛姬告诉了我答案。"

"你真是帮了我的大忙。"人面蛾面露喜色。

"叶子舟从这里返回到森林，即是风平浪静时行驶1440米所需要的时间。"黑龙说，"我们已经知道平风浪静时的速度，所以只需要求出水流速度就可以解决了。"

"接下来要怎么办？"人面蛾眨眨眼。

"龙姑娘说，根据已知条件，可先求逆水速度，再根据逆水速度与船速、水速的关系，就可以求出水流速度。"黑

1440米

龙说，"逆水速度=静水速度（船速）-水流速度，所以，水流速度=静水速度-逆水速度，水流速度为210米减去1440米除以8小时，得出30米，顺水速度=静水速度（船速）+水流速度，210米加上30米等于240米。这就是顺水一小时的速度。"

人面蛾动起脑筋："这么说来，每小时是240米的速度，总水路有1440米，那么，需要6小时？"

"正是这样。"黑龙说，"龙姑娘非常聪明，它不会弄错。"

人面蛾谢过黑龙，马上写了一封信，让魔法信使把信送了出去。它用力划船，在6小时后，到达了森林，及时赶回城堡，并与白蛾黛拉分享了灯笼花蜜。

地铁里的威胁

　　公猫伯爵第一次与大公猫迪克去人类的世界探险。它们跳上末班地铁，准备去迪克的主人家里讨要猫粮。

　　在地铁里，它们遇到了霸王猫威特。威特扬言要他们滚下地铁。在这列空车厢里，三只猫厮打到一起，令伯爵与迪克没想到的是，两排座位底下藏了十几只流浪猫。它们跳出来，把伯爵与迪克逼得步步后退，眼看就没有退路了。

"不是只有你们可以坐地铁。"迪克吼叫道。

群猫步步紧逼，并没有手软的意思。

这时候，地铁的车窗外出现一片古老的废墟。威特跳到椅子上，趴在窗上往外看："瞧见了吗？这全部是我的地盘。"

所有的猫都跳上去，战争暂时平息了。

迪克与伯爵以为自己得救了，却没想到，等到这片废墟消失在车窗里，群猫又跳到地上。它们把迪克与伯爵围住了。

"美妙吗？"威特龇牙咧嘴。

"当然，但不如猫城好。"伯爵沉稳地说，"我们来自猫城，你们应该听说过那座古老的城市。"

群猫议论起来。有的赞美，有的表示怀疑，更多的猫露出羡慕的神色。

"如果是真的，我倒想看看。"威特脸上的表情不那么吓人了，"给你们一次机会，告诉我，我的废墟王国有多大。它是否巍峨壮观？如果回答不出来，我们就把你们赶出飞速行驶的地铁。"

花猫威尔跑到座位底下，用爪子一掏，露出一个小洞，顿时一股风吹进来，吹得伯爵与迪克直打趔趄。

迪克根本就没有注意那片废墟，它的额头上流下冷汗。

伯爵说话了："车窗从出现废墟，到消失，一共有80秒的时间。"它指着自己的怀表。

"这又怎么样？"威特大喊，"快说它有多大。"

"别急。"伯爵说，"从废墟的第1根石柱开始，到第10根，用了30秒的时间。上面有标志，每两根石柱间隔是80米。"

"哼！"威特冷笑道，"那我的废墟一共有多长？"

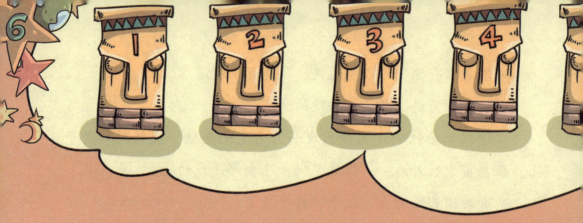

　　"10根石柱，每根之间的距离是80米，减去第1根不算，一共是9个间隔，也就是720米。"伯爵说，"而10根石柱之间用时30秒，那么总长720米算下来，就是720÷30=24，每秒24米。"

　　群猫大吼要它们赶快钻进洞去。

　　威特摆摆手，盯着伯爵。

　　"一共用时80秒，每秒24米，"伯爵说，"算起来你的王国长80×24=1920（米），真是宏伟壮观啊。"

　　威特拍拍手："能告诉我你的名字吗？欢迎你加入废墟王国。"

　　"它属于猫王国。"迪克叫道，它很佩服伯爵的才智，不想它离开。

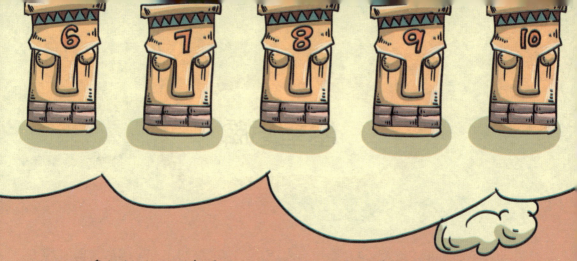

伯爵摇摇头："我属于猫王国。欢迎你们到猫王国做客。"

这正是威特的意思，它很想知道传说中的猫王国是什么模样，究竟有多大。它们放过了两只公猫，并与它们成为了朋友。在迪克与伯爵返回途中，它们一路跟上来，一起来到了猫王国，受到了热烈的欢迎。

大家一起分享了美味的猫饼干。

墓室盾牌

　　猞猁们在地下城的骑士墓里发现了古老的盾牌，猞猁王莫多命令猞猁们把盾牌挖出来。它们正要抬着盾牌溜出骑士墓，却发现自己被困在骑士墓里了。

　　墓室出口的石门与地面严丝合缝，根本找不到开门的办法。

　　猞猁们慌了神，纷纷四处挖洞，巴望能找到出口。

"放回去。"黑暗中传来一声大吼。

一团绿光从墓地里钻出，显现出幽灵铠甲勇士的巨大身影。

"你是？"莫多吓得直发抖，它稳稳神，才站住脚。

"墓地的主人。"幽灵铠甲勇士说，"我是猫的祖先，把我的盾牌放下。"

"你早就死了。"猞猁劳伦说，"幽灵拿我们是没有办法的。"

"你说得没错，"幽灵铠甲勇士说，"但墓地的门被关上了，找不到打开石门的秘诀，你们谁也休想活着出去。"

墓室突然在变大，近在眼前的石门朝远处退去。

地上铺着夺目的金砖，上面嵌着一些碧绿色的宝石。

劳伦撒腿就跑，但刚踏了2块金砖就重重地摔倒在地上，身体飞快地滑了回来。

幽灵铠甲勇士哈哈大笑："找不到秘诀，谁也无法走到石门口。"

猞猁虫虫试着往前走了一步，它惊讶地发现，宝石全都不见了："秘诀在宝石里？"

"你真聪明。"幽灵铠甲勇士面无表情，"但你们根本不知道有多少块宝石，更无法准确地踏到宝石上，走到门口。只要踏到金砖上，就会退回到原地。直到饿死。"

勇敢的虫虫凭着记忆，第一脚就踏到了宝石上，并且连着往前走3块金砖，全变成了宝石。走到第4块，它脚下一滑，退回原地。

劳伦与瑞森也开始寻找，莫多领着另外几只猞猁也加入了寻找宝石的队伍。

大家不停地滑回来，但谁也没有放弃。突然间，它们发现，墓室黑雾弥漫，它们看不到对方了。

"你们可太小瞧了幽灵铠甲勇士。"幽灵铠甲勇士说，"现在开始，你们看不到对方了，只有听我的指挥。你们每只猞猁找到3块宝石，还剩下45块，但如果其中12只猞猁找到2块，其余的找到6块，就正好可以全部找到。告诉我，找到宝石的有多少只猞猁？"

这可难住了猞猁们，因为它们只顾专心寻找，根本没注意对方是否找到。

"大猫，即便我死了，也不会放过你。"劳伦吼叫。

"我们不会死掉。"瑞森开始侦察地形。

虫虫动起脑筋："我知道。其中12只找到2块宝石，其余的找到6块，正好是全部宝石的数量，可以换一种思维，如果每只都找

到6块，一共找到12×6=72（块），减去其中12只猞猁找到的2块宝石12×2=24（块），一共缺少宝石72-24=48（块）。"

"那么，你们一共有多少只猞猁找到了宝石呢？"幽灵铠甲勇士问。

"把剩余的45块和缺少的48块加在一起，再除以（6-3）块宝石，正好是31只猞猁找到的宝石。也就是全部猞猁都找到了宝石。"

令猞猁们没想到的是，就在虫虫说完话时，眼前的浓雾散去了，而它们居然置身于墓室外。盾牌被留在了墓室里，不过它们可不想返回去了，纷纷逃回猞猁城。

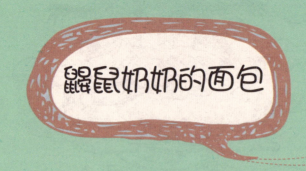

鼹鼠奶奶的面包

　　面包店里的鼹鼠奶奶最近正在为一件事情头痛。它年老眼花，不小心把账本给烧掉了。没有了账本，就无法算出最近这段时间赊欠给猫王国里的大猫们多少个面包。

　　如果它说多了，猫们勃然大怒，说不定会吃掉它。如果说少了，面包店就要亏本。最糟糕的情况是，不管多少，只要数量不对，猫王国的大公猫迪克就会赖账。

布兰奇与蒂丝到鼹鼠奶奶家买泡泡糖，见到奶奶愁眉苦脸。

"你的腰又痛了？"两只鼹鼠问。

鼹鼠奶奶把自己的不幸遭遇告诉了它们。

"别着急，慢慢回忆，"布兰奇说，"您一共烤出多少个面包？"

"忘记啦。"鼹鼠奶奶伤心至极。

"一共卖了多少个星期了？"蒂丝问。

鼹鼠奶奶送给两只小鼹鼠每只一个泡泡糖："我记得，第一个星期那些大公猫的胃口很好，迪克赊欠了总数的一半还多32

个，这是我数的时候记住的。"

"真可惜。"墨镜鼹鼠与克蒂斯走了进来，它们已经变成好朋友。

"是啊。"鼹鼠奶奶说，"都怪我当时太高兴，只记得这个数量。"

它想了又想："第二个星期比第一个星期剩下的一半多21个。"

"现在还剩多少？"克蒂斯问。

鼹鼠奶奶数了数。"还剩下58个面包。"

"别着急，慢慢想，我认为按照这个思路，能够知道一共烤出多少个面包。"克蒂斯说，"减去剩下的，就是大公猫迪克买走的数量。"

"快说，"布兰奇说，"帮帮鼹鼠奶奶。"

鼹鼠蒂丝高兴得拍着手。墨镜鼹鼠也为克蒂斯加油。

"剩下的58个，加上第二个星期比第一个星期剩下的一半还多余的21个，总和的两倍是158个。"克蒂斯说。

鼹鼠奶奶认真地听着。

蒂丝与墨镜鼹鼠也默不作声，害怕打断了克蒂斯的思路。

鼹鼠克蒂斯说："158个面包加上32个面包，一共是190个，正好是总数的一半。"

"这么说，190个的两倍是380个面包，就是鼹鼠奶奶烤出的总数了？"鼹鼠布兰奇瞪大眼睛。

蒂丝与墨镜鼹鼠也不相信难题这么快就解决了。

没等克蒂斯说话，鼹鼠奶奶就高兴得眉开眼笑："我想起来了，正是380个面包。"

四只小鼹鼠很为鼹鼠奶奶高兴，它们齐心协力，帮助鼹鼠奶奶算出了大公猫赊欠面包的总量。

鼹鼠奶奶卖完面包，拿着工工整整计好的账目，来到猫王国，顺利地向大公猫迪克讨要回赊欠面包的钱。为了感谢可爱的孩子们，它送给每只小鼹鼠一个白又香的大面包。

大摆宴席

贪财鬼海盗王最害怕有谁发现它的金币藏在什么地方了。所以它从来都不去地窖，只在本子上计算自己究竟有多少个金币。

这一天它躲在被窝里一整天都没有出去，把豚鼠海盗们吓坏了，因为海盗王从来也没有这么反常过。

狡猾的海盗军师钻进来，眼巴巴地盯着海盗王。

"我正在算我有多少根胡须，"海盗王撒了谎，它其实是在

算这个月的伙食开销，"可是发现给弄混了。"

"说说看。"海盗军师眨眨眼。

海盗王把嘴巴张开一条小缝，说得很谨慎："一个数减去137，我在算的时候，错把百位数和个位数上的数字对调了。结果居然得124，这还了得！"

海盗军师捏着自己的胡子，它从未数过胡须有多少根。如果它知道胡须有多少根，一定会吃惊于海盗王浓密的胡子共漏数了多少根："解决问题，有什么奖赏吗？"

海盗王咬牙又跺脚："你趁火打劫。"

"我只是跟你开个玩笑。"海盗军师老谋深算地眨着眼睛，琢磨着海盗王到底在计算什么。

海盗王发现了这一点，有点后悔自己把这个秘密说出来了。

就在这时，卡门与桑德拉有事情找海盗王。

海盗王想隐瞒秘密，海盗军师却一股脑儿说出来了。

卡门与桑德拉可非常了解海盗王，它们认为事情远不止这么简单。

但它们与海盗军师不同，它们只想帮助海盗王解决难题，什么报酬也不要，只希望瞎眼豚鼠奥多多别再挨厨房大总管的打。它看不见，总摔碗，没少挨揍。

"我答应你们。"只要不掏钱，海盗王什么事都会答应。

海盗军师气得直哼哼，想看卡门与桑德拉的笑话。

同时，它盯着海盗王，想弄清楚它在算什么账。

卡门一心想帮奥多多，脾气急，脑瓜活："可以先算百位数和个位数互换后的被减数，然后就可以求出正确的结果了。"

"光说不练假把式。"海盗军师摇摇头。

海盗王打起小算盘，它根本不相信有谁能解决这个难题，决定晚上到地窖数数看，怎样才能给自己最省钱。

"百位数和个位数对调以后的被减数是：124加上137等于261。"

桑德拉点点头："好样的，接着说。"

海盗军师的小眼睛滴溜溜乱转，想看出其中端倪，试图占点儿小便宜。

海盗王抖抖胡须，吓得直发抖："这么多！"

"别着急，我还没算完。"卡门眨眨眼，"这样看来，原来的被减数就是162，则162减去137等于25。"

"你是说，只有25？"海盗王从床上跳下来，再也不像病秧子。

"是哦。"卡门说，"这才是正确的。"

"原来是这么少的伙食费。"海盗王知道自己说露了馅，连忙大喊今天晚上大摆宴席，龙虾美酒随便上。

海盗们全是爱吃的家伙，谁还去想伙食费的问题，全都呼啦啦冲向餐厅与厨房。海盗船上大摆宴席三天三夜，卡门、桑德拉和海盗军师全喝得晕头转向，连海盗王也不例外。

难怪，它算数太差劲，完全没想到自己三天花光了一个月的伙食费。

聪明猫巧分咸鱼

母猫美娜不仅聪明，还心肠好，这谁都知道。最近，它在巡视猫王国时，在一只不起眼的大钟里，发现一窝小猫和生病的母猫。

母猫请求美娜帮助它的孩子们："我缺吃又少喝，恐怕活不过这个冬天，请把我的孩子带到猫王国吧。"

美娜没有答应母猫的请求："不！"

母猫难过得流下眼泪。

"别误会，我可不想把你心爱的宝宝带走，而让你饿死在这里。"美娜转着眼珠，有了。

最近猫王国购买了一批咸鱼，把分配的任务交到了美娜的手里。它琢磨着，分配完咸鱼，它要想办法偷偷留下一些给母猫与它的孩子们。

美娜为母猫带来一点食物，要它安心照顾小猫，自己去食物储存库想办法。

正巧，波奥到食物储存库视察，它心地善良，听说了母猫的遭遇后，也赞同美娜的办法。

"但迪克是粮食总管，可不能让它知道。"猫王波奥说。

美娜点点头，缓步在堆积如山的咸鱼堆里走来走去。它要想个既不让迪克发现，更不让其他公猫发现的办法。

"猫城现在有多少只猫？"美娜问波奥。

"32只。"波奥说，"而迪克的手下就有许多。"

美娜并不害怕迪克，甚至是迪克害怕美娜。但两只猫谁也不服谁，常常暗暗较劲儿。

"迪克扬言，不管你怎么分，它的手下每只最少要得到136条。"波奥有点为美娜担心，"要不然，从我的一份中扣除。"

"不能总让迪克这样霸道。"美娜停在咸鱼堆里，"就这样分，一共32只猫，每只至少分到136条，而余数一般都不会记在出库单上。我们就数出分配后可以得到最多余数的咸鱼的数量。这样一来，就可以帮助生病的母猫和它的孩子了。"

"真是个好主意。"波奥跟着美娜一起数鱼的数量。

伯爵与最近加入猫城的霸王猫也帮助美娜。别看霸王猫霸道，它可最喜欢善良的猫了。

数到785条鱼的时候，大家伙累得汗流浃背，要美娜算算余数。美娜摇摇头："不行，太少了，还不够迪克要求的数量。"

数到2479条的时候，伯爵与霸王猫再次征求美娜的意见。美娜依旧摇摇头，飞快地分拣咸鱼。

当数到4384条鱼的时候，美娜终于气喘吁吁地停下手头的活："够

啦！这样，就可以余下足够多的鱼送给母猫了。"

"能告诉我你是怎么算出来的吗？"聪明的波奥也被数量这么庞大的鱼弄糊涂了。

"库里的鱼在提取时，如果有少量余数，是不用记录下来的。"美娜说，"我们共有32只猫，我算了33只猫的数量。每只分得136条鱼，33只猫就分得4488条鱼，但我只取出4384条鱼。"

"也就是说，如果是33只猫，每只分136条鱼，就有一只猫少104条鱼，而我们正好是32只，这样算来，就多出32条鱼。这么少的余数是不用记录的，正好可以隐瞒迪克送给母猫？"波奥兴奋地说。

"就是这样。"美娜请求伯爵与霸王猫悄悄将多出的鱼送给母猫。

它则好像什么也没有发生似的，把鱼分给猫城里的猫。冬天过去，春暖花开，地下城又恢复勃勃生机。美娜像往常一样在地下城巡视，惊喜地发现恢复健康的母猫与长大的小猫突然跳出来，热情地扑到了它的身上。

拉维斯赌城

"真该想点什么乐子了。"大盗飞天鼠吃着奶油蛋糕，睡着天鹅绒床，却高兴不起来。

"是啊。"鼠小弟洛洛说，"从上一次冒险到现在，整整过去半年的时间了。我的爪子都钝了，牙也长了。"

大盗飞天鼠与鼠小弟洛洛自从有了空中城堡，整日过着无忧无虑的生活，它们厌倦了这种生活，又渴望探险。

鼠小弟盯着桌子上的方块A，突然跳起来："为什么不去维拉斯赌城？那里有世界上最富有的鳄鱼赌王；还有最漂亮的鼠小姐茉莉；有最显贵的王族，拿着最珍贵的珠宝；也有输得连裤子也不剩的倒霉鬼。"

飞天鼠瞪起眼睛，从空中吊床跳到地上："你的主意棒极了，我们这就出发。"

它们把空中城堡里所有能找到的金币，都塞进旅行袋里，还拿了许多宝贝。赶到维拉斯赌城，它们立即被眼前的奢华场面惊呆了。

金币好像沙子一样在桌子上堆积如山，夺目的珠宝好像只是一堆毫不值钱的石子儿，四散在衣着华贵的赌客桌上。琼浆玉液，美女如云，财宝数不胜数。飞天鼠与鼠小弟的行囊看起来寒酸极了，连鳄鱼门卫都不正眼瞧它们。

它们挺着胸脯，脚步僵硬地闯进赌场，接连几次下来，竟然连手套和帽子都输光了。而那些赌场大亨们得到珠宝与金币，不屑得都没正眼瞧一下。

"太过分了。"飞天鼠咬牙切齿，"那可是我几年光阴，刀光剑影里拼命盗来的。"

"可是，再赌，我们就得光着出去了。"鼠小弟畏畏缩缩，一直注意着鼠小姐茉莉。

茉莉洁白如雪，美艳如画，高高地坐在一堆最贵重的珠宝前。它不时拿眼睛觑一眼飞天鼠，在它心中，大盗飞天鼠可是一个英雄。

正因为如此，飞天鼠才不想就这样落魄地走出去。

它跳到鳄鱼老板的赌桌上："我跟你赌一把，输，我给你一座空中城堡。赢，我要你一桌宝贝。"

鳄鱼老板夸张地瞪大眼睛："哟，原来是飞天鼠。赌！"

不过它没有像往常一样赌，而是要侍者发牌。

侍者发了13张牌。飞天鼠拿到13张红桃，鳄鱼老板拿到13张梅花。

"扑克牌中的J、Q、K分别表示11、12、13，你们两个的牌可以凑成13对。如果将凑成的每一对求和，再将这13个和相乘，"侍者说，"可以得到奇数，还是偶数？"

飞天鼠的脑袋一大，这可是赌场的顶级赌博，几乎所有尝试的人都输得倾家荡产。但它没有退缩，而是有备而来。

一次，在一个蜥蜴赌王家里，它偷听到了秘诀。

"不难，"飞天鼠说，"这13张牌有7个奇数，6个偶数，所以至少有一对是2个奇数，其和则为偶数。无论是奇数与偶数相乘还是偶数和偶数相乘，所得的积都是偶数，所以这13个和相乘，所得的积应该是偶数。"

飞天鼠居然赢了，鳄鱼老板损失惨重，竟当着所有赌客的面呜呜大哭起来。

但大盗飞天鼠就是飞天鼠，它扬扬头，居然什么也没要，约茉莉去空中城堡做客。它从茉莉的眼神中看出，鼠小姐已经万分崇拜自己了。

大盗飞天鼠一个金币也没拿走，而又输光了所有的宝贝，以后要怎么生活呢？

飞天鼠满不在乎，它一向喜欢冒险，这正好可以让它继续去世界上碰运气。

"别担心，爸爸，我们会想到好办法。"蚯蚓艾比安慰爸爸。

又到了一年一度春暖土软，该远行寻找食物的时候了。蚯蚓大叔的腿脚越来越不灵便，无法去寻找食物，它很担心儿子艾比会被大青虫吃掉。

大青虫就守在黑暗的泥土里，等待蚯蚓上钩呢。

蝼蝼蛄大婶来帮忙："别急，我有一个好主意。蚰蜓爷爷有一个宝石盒子，扔到地上，念出咒语，它会无限变大，之后还可以随意缩小。"

"你是说？"蚯蚓大叔好像没听明白。

"去借宝石盒子，用它抓住大青虫。"蝼蛄大婶说，"把它抓住，锁在宝石盒子里，带到很远的森林里，我们就永远也不用怕大青虫了。"

艾比、蚯蚓大叔和蝼蛄大婶从蚰蜒爷爷那里借来宝石盒子。它们沿路走到地洞的最深处，每年都要由这里挖一条通向远方世界的道路。

艾比刚要把盒子扔出去，被蚯蚓大叔拦住了："不要这么鲁莽。蚰蜒爷爷说过，盒子的魔力只有两平方公里。这片土地这样大，你盲目地扔，根本抓不住大青虫，到时还得去取盒子。耽误时间，会误了我们的大事。"

"该想一个好办法。"蝼蛄大婶也说。

艾比是个聪明的小家伙："这样说，必须把这块庞大的土地全搜索一遍，才能找到大青虫？"

"当然。"蚯蚓大叔苦苦思索。

"爸爸我有主意了。"蚯引艾比说，"往年我挖过土的地方，土质松软，再次挖路的时候速度会很快，大青虫一向守在这些地方。我挖的路全是直的，四通八达的通道，正好1条路是一公里，4条纵横交错的路组成一个正方形，正好是1平方公里。我如果顺着这样的通道走，扔出盒子，一定能准确有效地找到大青虫。"

"可是，你怎么能保证自己不在原地转圈？"蝼蛄大婶说，"我的经验这么丰富，也经常走错路。"

"我记得很清楚，那些路，一共由12个正方形组成。"艾比说，"我只要找出都有哪些正方形，有可能藏匿大青虫，就可以用宝石盒子抓住它了。"

"这可是个难题。"蚯蚓大叔认为迷宫一样的路太多了。

蝼蝼蛄大婶也直晃脑袋。

艾比画了一张地图，拿来一颗红豆，一颗绿豆，摆在图上："红豆和绿豆所摆的位置，正好边长代表1公里，那么，图里边长为1公里，藏有大青虫的正方形有1个；边长为2公里，藏有大青虫的正方形有4个；边长为3公里，藏有大青虫的正方形有2个。"

"原来有7个这样的正方形呀。"蚯蚓大叔叫道。

"按照图纸上的线路，根本没有被宝石盒子遗落的地方。"艾比说，"这样一下子大青虫就无处藏身了。"

艾比提着宝石盒子上路了，它利用自己的聪明才智，很快就捕捉到了大青虫。大青虫被放到森林里，蚯蚓大叔与艾比再也不害怕自己会被吃掉了。

动物大会

一年一度的动物大会就要召开了，这一次把开会地点选在了下下城。

穿山甲托博十分高兴，它邀请远在草原之乡的所有亲戚都来参加。前来参加大会的还有猫王国里所有的猫、全部的猞猁、飞天鼠与鼠小弟、海盗豚鼠们和终日躲在地下的鼹鼠，更少不了黑龙与鼻涕虫兄弟。

高兴之余，托博突然想到下下城的大礼堂，还不知该安置多少把椅子，准备多少宴席，插上多少鲜花，才能使大会开得热热闹闹。

"下下城富丽堂皇，我们一定要使这里锦上添花，让在天堂的老托尔感到高兴，让所有的动物们羡慕，我们再也不是那些无家可归的流浪汉了。"托博说，"最主要的是，让表妹海娜与碧娜高兴。"

托博吩咐穿山甲杰伦克去测量大礼堂的宴会厅；要媚媚去测量大礼堂的休息厅；要金斯去测量大礼堂的表演大厅。

3只穿山甲带回自己的测量结果。原来，每一个大厅的周长都是240米。

托博非常高兴，马上安排穿山甲随从去购买布置各个大厅需要的物品，但购买鲜花时，它遇到了难题。

"为了使宴会更热闹，到时会把3个大厅的墙壁拆卸下来，组成一个正方形的大厅。"托博说，"这样的话，就不用买3个大厅四周都摆放的那么多数量的鲜花了，而只需要围绕一个大厅的鲜花数量。这要怎样测算出来呢？"

"可以先算出3个长方形周长的和。"媚媚最聪明，反应也最快，"240米的3倍，也就是3个大厅总周长，是720米。"

"但3个长方形周长的和等于6条长与6条宽的长度和呀。"杰伦克说。

"3个长方形拼成一个正方形，这样，长方形的长就是拼好后的正方

形的边长，而3个长方形的宽加起来等于正方形的边长，6条宽等于2条正方形的边长。"托博也在琢磨，"所以，3个长方形周长的和等于正方形的8条边长。这样，正方形的边长就可以求出来了：是总长720米的八分之一米，720÷8=90（米），也就是90米。"

"现在，更好解决了。"媚媚说，"正方形的每一条边长是90米，一共4条，正好是360米。"

"太好啦。"托博说着，命令穿山甲按这个米数去买花。在众多穿山甲精心的装饰下，下下城变成了鲜花的海洋，各处美味佳肴堆满了宴会大厅，是历年动物大会办得最成功的一次。

猞猁们玩得很高兴，大猫们也得到了最好的招待，海盗豚鼠们赞叹又美慕，飞天鼠与鼠小弟被华丽的宫殿完全迷住了，果子狸们最喜欢鲜花的海洋，黑龙凯西与鼻涕虫在下下城里流连忘返。动物们再也不欺负穿山甲，全都邀请它们去自己的王国做客。

甜蜜的醋栗

今年森林里大丰收，人面蛾积攒了35颗醋栗，醋栗是白蛾黛拉最喜欢吃的美味了。但人面蛾不好意思当面送给白蛾黛拉，想琢磨出一个更好的点子，既让白蛾黛拉接受，又不像是自己特意赠送给它的。

因为在自己最喜爱的伙伴面前，人面蛾总是那么羞怯。

它想来想去，准备邀请黑龙凯西与鼻涕虫前来参加萤火虫晚会。一同被邀请的还有青蛙丽莎、蔓达与吉莉，它们带来了所有的小青蛙。另一个被邀请的是百脚虫柯尔大叔。

加上白蛾黛拉，不算孩子们，客人一共有7个。人面蛾准备了7个小袋子，它准备把醋栗装在其中，这样，黛拉就不会发现人面蛾做这一切是特意准备的了。可是，在怎么分配上人面蛾犯了难。

它的主要目的是将醋栗赠送给白蛾黛拉，而别的客人也不见得喜欢吃这种东西。再说，自己为它们准备了更适合的礼物。

人面蛾琢磨来，琢磨去，不由得自言自语起来。

"人面蛾，"被放逐到森林里的大青虫沿着树爬上来，顺着树上的城堡往里面看，"我有一个好主意。只要你也能邀请我参加。"

大青虫孤独又寂寞，很想有一个好朋友。

"可我没有多余的袋子了。"人面蛾说。

"用不着，我只喜欢吃你桌上美味的嫩黄瓜。"大青虫说，"到时，再给我来一个蚕丝烟卷，就是神仙的生活了。"

"说说，你想到什么办法了？"人面蛾说。

"要想使得每个袋子都有醋栗，而且要让其中一个袋子中醋栗数最多，那么只需要在其中6个袋子中各放一个醋栗，剩下的一个袋子中放最多的醋栗数就是29个了。"大青虫爬到窗台上，"我的主意棒不棒？"

　　人面蛾拍手叫好，它开门放大青虫进来，两个家伙飞快地往口袋里塞醋栗。

　　它们忙碌了整整一天，办了一场森林里最大的宴会。

　　宴会开始了，7位客人如约到来，每位都收到了礼物，十分高兴，也都回赠给人面蛾它们精心准备的礼物。最高兴的要数白蛾黛拉了，它早就闻到了袋子里醋栗的香味。宴会散去时，它最后一个离开，并邀请人面蛾第二天就去它的小屋做客。

　　人面蛾高兴得直跳，因为这是白蛾黛拉第一次邀请自己，它高傲又谨慎，可是从来不随便在家里接待朋友呢。

迎接妮娜

　　这天上午美娜格外忙碌，它一路流亡到猫城已经两年多了，从来也没有妹妹妮娜的消息。昨天晚上，一只路过此地的狸猫带来消息，说它在距猫城很遥远的石桥洞里见过妮娜，那里也居住着一群猫。

　　狸猫见多识广，用唱歌一样的说话声对美娜说："我早听说过古老的猫城，在那里就对妮娜把这件事情说了。它说会来看望你。"

狸猫用爪子掐算日子："如果我没记错，距我离开有半个月的时间了，妮娜应该在今天就能赶到。"

美娜不顾大公猫迪克的反对，送给狸猫很多咸鱼，它飞快地在厨房里忙碌着，指挥猫们打扫房间。

地板被擦亮了，铺上了最华美的地毯。

大公猫在看热闹，想知道妮娜究竟有多美丽。小母猫们直嫉妒，但所有猫都心情慌乱，等待着妮娜出现。

伯爵从外面慌乱地奔进来，要知道，如果不是急事，它可不这样毛躁："我远远地看到一只漂亮的小母猫，与一群猫在地下河道划船过来，它们马上就要到了。我猜里面就有妮娜。"

美娜慌得跳起来："可是，水池里没水了，不仅要去提水，还需要洗水壶，洗茶杯。"

"还得烧水，找茶叶。"波奥也跟着着急。

"最重要的是泡茶。"急性子的霸王猫跳到了石城的墙壁顶上。

猫城里的猫如热锅上的蚂蚁，转来转去忙不休。

"有啦！"美娜停止手头的活，"洗水壶1分钟，烧开水10分钟，洗茶壶2分钟，洗茶杯4分钟，找茶叶1分钟，泡茶2分钟。"

迪克听得头发涨："恐怕你妹妹要到下午才能喝上茶。"

波奥与霸王猫也急得心慌意乱。

几只好事的大公猫把水桶摔得哗啦响，乱作一团准备去打水。

小母猫们围着美娜转圈，纷纷大叫自己可以帮上什么忙。

"再这样乱下去，明天也喝不上茶水。"迪克认准了美娜的妹妹妮娜在今天肯定得不到最好的招待。

美娜不慌也不乱，它灵机一动："有了！"

"快说说。"猫们齐声大吼。

"把这些时间合理安排，一定能最快喝到茶。"美娜开始忙碌。

它用1分钟的时间洗好水壶，这时候水被打来了，美娜开始烧水。公猫们朝它竖起拇指，等待接下来它怎么实现自己的承诺。

美娜利用烧水的时间洗茶壶和茶杯，接着花了1分钟的时间找茶叶。等到水烧开了，它用了2分钟的时间泡茶。

这一切全完成时，一共用了短短的13分钟。

所有的猫们都佩服美娜的聪明才智，它们齐声为美娜欢呼。这时候，妮娜才姗姗来迟，它美貌又善良，一头扑到姐姐美娜与哥哥迪克的身上。

在三个猫兄妹庆贺团聚时，早有一群猫们开始瓜分妮娜从遥远的北方带来的礼物。猫城里的猫们高兴极了，因为妮娜与美娜一样，都是最慷慨的猫，猫城里举行了几天几夜的宴会。连伯爵也不得不承认，猫城里的大公猫的期待很值得，因为妮娜不仅慷慨，还很美丽。

1.简便计算

899+901+902+897+903+900

99999×22222+33333×33334

1282−899−101   2354×2442−2353×2443

2.有146朵花，按5朵红花、9朵黄花、13朵绿花的顺序排列，最后一朵花是什么颜色的？

3.在下面数列的每一项由3个数组成的数组成的数表示，它们依次是：（1、5、9），（2、10、18），（3、15、27）……问第50个数组内三个数的和是（   ）

4.有一堆粗细均匀的圆木，堆成梯形，最上面一层有5根圆木，每向下一层，增加一根，一共堆了28层。最下面一层有32根。一共有多少根圆木？

5.用一元钱买8分邮票和4分邮票，共买了17张。买的4分邮票与8分邮票相差多少张？

6.搬运1000只玻璃瓶，规定安全运到一只可得搬运费3角，但打碎一只，不仅不给搬运费，还要赔5角。如果运完后共得运费260元，那么，搬运途中打碎了几只玻璃瓶？

7.学生搬一批砖，每人搬4块，其中5人要搬两次；如果每人搬5块，就有两人没有砖可搬。搬砖的学生有多少人？这批砖共有多少块？

8.小东的妈妈今年的年龄是小东的3倍。妈妈今年比小东大24岁。小东和他的妈妈今年分别是多少岁？

9.一次比赛，共5名评委参加评分，选手王东得分情况是：如果去掉一个最高分和一个最低分，平均分是9.58分；如果去掉一个最高分，平均分是9.4分；如果去掉一个最低分，平均分是9.66分。如果5个分都保留算平均分，他应该得多少分？

10.一艘客轮在静水中每小时行15千米，在大运河中顺水航行140千米，水速是每小时5千米，需要行驶几个小时？

11.兔兔以不变的速度在小路上散步，它从第1棵树走到第7棵树用了12分。如果它走了40分，应该走到第几棵树？（相邻两棵树之间的距离相等。）